勉強法

教養講座「情報分析とは何か」

佐藤 優

角川新書

暗さは暗いと認識して初めて、
明るくするための現実的方策を考えられるのだ。

新書版まえがき

本書は、少し変わった勉強法の本だ。二〇一六年に株式会社KADOKAWAから刊行した『危機を覆す情報分析　知の実戦講義「インテリジェンスとは何か」』に加筆修正をし、改題したものであるが、この改題には以下の意味がある。

本書では、インテリジェンスの理論、国際情勢に関する具体的分析、読書術、日本の大学生やビジネスパーソンに起きがちな知的欠損、受験勉強の仕方など、多岐にわたるテーマを扱っている。これらのテーマに通底しているのは、インテリジェンスの技法や情報分析の根本にある勉強法だ。そのため、新書版ではタイトルもそのように改めた方がいいと考えた。

私は、複数の大学で教鞭《きょうべん》を執っている。二〇一八年度は、京都の同志社大学の神学部、生命医科学部、同志社女子大学、沖縄の名桜大学で、集中講義を行う。単位にならない講座もあるが、九〇分の講義を合計で九〇回行うことになる。その他、いくつかの高校でも集中講義を行う予定だ。私は東京に住んでいるので、移動を含めるとかなりのエネルギーを教育に費やすことになる。同時に、月平均九〇本の締め切りを抱え、四〇〇字詰め原稿用紙換算で約一二〇〇枚の原稿を書くペースも続けている。なぜ、作家活動に加え、教育に関心がシフトしているのであろうかと自問すると、弁証法的な勉強ができているからだ、という答えが出て来る。

私の周辺には大学の教壇に立っている人が多い。大学教師たちと意見交換をすることがあるが、「最近の学生は、授業には出てきているが、物を考えていない」「就職活動で浮き足立っていて真面目に勉強しない」という類《たぐ》いの愚痴をよく聞く。このように言う人に限って、教材研究を怠り、自分が教える学生との緊密なコミュニケーションを欠いている。

私は「それは違うと思う。優秀な学生はたくさんいる。それを、われわれ教師が見いだせていない例が多いのが実情だと思う」と反論し、このような経験を話す。

二〇一七年七月八日に、京都の同志社大学神学部で行っていた「佐藤優《さとうまさる》氏と考えるキリスト教と現代社会」と題する集中講義（全四回）が終わった。神学部でも、キリスト教の洗礼を受けていない学生が九割いるので、神学と教養の基礎をていねいに教えた。旧新約聖書の巻名を暗唱させ、使徒信条、ニカイヤ・コンスタンチノポリス信条、カルケドン信条、日本基督《キリスト》教団信仰告白の読み解きを通じて、歴史神学と組織神学の基礎知識をつけるようにし、映画（「人のセックスを笑うな」「八日目の蟬」「大統領のカウントダウン」「八甲田山」）を神学的視座から読み解き、言葉と悪、家族愛と友情、国際テロリズムの克服、リーダーシップの重要性などについて学んだ。

　講義のスタイルにも神学教育の特徴を出すようにした。まず「主の祈り」「日本基督教団信仰告白」を輪読し、賛美歌234A（同志社大学神学部歌のような意味を持つ）を歌い、私が祈禱《きとう》してから講義を始める。講義も祈禱で終える。学生たちには「こうするのは聖霊の力に満たされた環境で勉強するからだ」と説明している。

　受講生の特徴は、英語と数学がよくできる学生が多いことだ。第一回講義で、抜き打ちで数学の試験（二〇一六年の高校卒業認定試験問題）を行った。英語、国語、社会で受験したので、数学はほとんどできないだろうと思っていた。「数学は社会に出てから重要になるので、神学部で学ぶ間に欠損を埋めろ」と指導しようと思っていたのだが、私の予測はよい意味で裏切られた。神学部を数学で受験した人は一〇〇点や九八点を取ったが、受講生のほとんどが七五点以上を取った。高校卒業認定試験の合格点は公表されていないが、五一点以上と推定されている。私が「なぜあなたたちは私立文系なのに数学ができるのか」と尋ねると、何人かの学生が「高校生のときに佐藤先生の本を何冊か読んだが、その中で数学は重要だという話が書かれていたので、私立文系だけど数学を捨てなかった」という返事が返ってくる。高校生が私の本から影響を受けていることを嬉《うれ》しく思った。

受講生の中に、二回生（現役なので二〇歳）だが神学的センスのきわめて優れた女子学生がいた。一回生のときも私の集中講義を受講していて、試験の成績も優秀だったが、直接話をすることはほとんどなかったため、この学生の能力に気づかなかった。今年度は受講生全員に私のメールアドレスを伝え、個別の学習相談に応じる態勢をとった。

そこで、この学生が認知能力（知識の習得）と非認知能力（他人の気持ちになって考えるなどの総合力）の双方において高い力を持っていることに気づいた。iPad の FaceTime を用いてロシア語を教えているが、通常、大学の教養課程二年で終えるレベルのロシア語を、三カ月足らずで修了した。外務省のロシア語研修生を指導するときと同じ強度で指導しているが、十分についてくる。彼女は、英語、ロシア語、数学だけでなく、神学や哲学の専門分野の講義にも食いついてくる。浜松市の公立中高一貫校・浜松西の出身だ。教師陣が「高校受験がないから」と、中学時代に生徒が油断して学業を疎《おろそ》かにしないように指導し、私立文系志願者でも数学をきちんと高校でも勉強させたことが、大学に入ってから生きている。

中高一貫校で大学との接続を考えた教育が行われたことが、大学で神学という難解な学問に食いついていくことができる、この学生の知的基礎体力を作るのに貢献した。神学の基礎は既に修得し、大学院レベルの課題に取り組み、成果を出している。

ところで、この学生はキリスト教徒ではない（前述したように、受講生の九割が洗礼を受けていない）。好奇心を抑えられなくなり、「なぜあなたのような認知能力、非認知能力ともに学習意欲が高い人が神学部に来たのですか」とメールで尋ねた。彼女からは「私が神学部を志望した動機は、なりたい職業もなく、法学を極めたい、などの特定の学びたいことも決められなかったときに、必修科目が少ない神学部の存在を知り、以前から世界史が好きで、特に宗教戦争などに興味があったので、宗教について学びつつ、幅広い学問を学びたいと思ったからです。高校の先生には『就職はどうするの』などと言われたのですが、『大学は就職予備校ではないから、好きなことを学ぶべきだ』という、父の言葉に後押しされて神学部に来ました」という返信が来た。

このように優れた父親の背中を見て育ったので、娘にも知識人の気構えができたのだ。この学生の影響を受け、周囲の学生も神学と英語を本気で勉強し始めた。教育の未来を私は楽観している。

「横並び」にとらわれず、優秀な学生の潜在力を顕在化させることも大学教師の重要な仕事、と私は考えている。学びを通じ、学生たちがキリスト教信仰に触れる機会が来て欲しいとも願っている。私は最良のスペックをつけて、受講生たちを社会に旅立たせたいのだ。

教育とは、師弟関係を構築することだ。師弟関係は、固定的なものではない。同志社の神学部や生命医科学部の学生たちから、私が新たな知識を得ることも多い。名桜大学の学生たちからは、沖縄の視座を教えてもらうことが多い。

このような弁証法的な勉強法が、本書を精読することで自《おの》ずと身につく。今までの勉強法に飽き足らない気持ちを持っている社会人の読者にも、得るものがあると思う。

本書を上梓《じょうし》するにあたっては、株式会社KADOKAWA文芸・ノンフィクション局第四編集部の岸山征寛《きしやまゆきひろ》さんに、たいへんお世話になりました。岸山さんの傑出した編集力がなければ、私の講義録がこのような形で書籍になることはなかったと思います。感謝しています。

二〇一八年二月一六日　曙橋《あけぼのばし》（東京都新宿《しんじゅく》区）の自宅にて

佐藤《さとう》　優《まさる》

目次

った特ダネ／チェチェン連邦維持派は、ロシアと殺し合いをした連中だ／インテリジェンスブリーフ／インテリジェンスは運も実力の内

いのは北朝鮮／外層的な国家論は、実際の資本主義とは合致しない／搾取とは、中立的なものである／我々はプチブルジョアの論理を持っている／伝統への回帰と称した新自由主義政策／資本主義には無理がある。だからイデオロギーが必要になる／人倫と社会保障政策の違い／中国の国家安全部と協力体制を構築しようとした過去

第三講　勉強とは何か……………………………………141

教養が身に付いている人は、勉強法が身に付いている／キンドルは二冊目を入れればいい／カトリックとプロテスタントが一緒につくった聖書がある／国際基準の中等教育修了は各教科のIIまで／試験対策はそれほど難しくない／外国語は語彙と文法。ただし一定の時間がかかる／放送大学の使い方／「人間は限界がわからないものに対して恐れを覚える」／スタディサプリは使える／大人の勉強法に受験世界のものは意外と使える／論理力をもって勉強させる勉強本／いかにして机に向かわせるかと

まえがき

国際社会は危機的な状況にある。その一例が、二〇一五年一一月一三日金曜日の夜（日本時間一四日未明）、フランスの首都パリで発生した同時多発テロ事件だ。わずか三〇分の間に六ヵ所でテロ攻撃がなされた。これまでに一三〇人の死亡が確認された。

今回の事件の基本構造は、二〇一五年一月七〜九日にパリで発生した同時多発テロ事件と同じである。一月七日にパリで漫画週刊紙「シャルリー・エブド」が襲撃された事件の翌八日、英国保安部（SS、いわゆるMI5）のアンドリュー・パーカー長官が、「シリアのイスラム過激派組織が欧米で無差別攻撃を計画している」と述べた。イスラム過激派による世界革命戦争が起きているという警告をパーカー長官は発したのである。すでにこの時点で、世界の構造転換が始まっていたのだ。しかし、その意味を読み解けた人は少なかった。

イスラム教原理主義過激派は、アッラー（神）は一つなので、それに対応して地上においてもたった一つのシャリーア（イスラム法）によって統治がなされ、全世界を単一のカリフ帝国（イスラム帝国）が支配すべきだと考える。そして、この目的を達成するためには暴力やテロに訴えることも躊躇《ちゅうちょ》しない、というのが「イスラム国」（ＩＳ）やアルカイダなど、過激派の特徴だ。

シャリーアにより統治されるカリフ帝国の実現という近代以前（プレモダン）の思考を、近代的（モダン）な国際法や国際関係論、軍事学の枠組みで読み解くことはできないのである。

さらに、ＩＳは、インターネットを駆使し、人々が国境を自由に移動できるようになったことから、電子送金システムなどを巧みに利用してテロ活動を行っている。その意味でＩＳは、近代を超克するポストモダンな現象でもある。プレモダン、モダン、ポストモダンという三つのパラダイムを理解する知性が、ＩＳによるテロを分析するためには必要とされるのだ。

こういう実践的な知性については、イスラエルから学ぶことが多い。イスラエルはＩＴ先進国で、世界最高水準のサイバー兵器を持っている。この分野で、イスラエル人はポストモダンの洗礼を受けている。他方、イスラエルは、国家主権を重視する第二次世界大戦後に形成された国民国家である。この点では、モダンな存在だ。そして、ユダヤ人を結集させ、イスラエルを建国する動機に、旧約聖書に記されたプレモダンな出来事が重要な意味を持っている。

イスラエルのインテリジェンス専門家には、プレモダン、モダン、ポストモダンの三つを縦横無尽に行き来できる人が少なからずいる。

具体例をあげよう。イスラエル・テルアビブ郊外に学際研究センターというシンクタンクがある。アマン（イスラエル軍情報部）、モサド（イスラエル諜報《ちょうほう》特務庁）、シンベト（総保安庁）などとの関係が深い、政策に影響を与える研究センターだ。ここに反テロリズム国際研究所（ICT, International Institute for Counter-Terrorism）というユニークな研究所がある。このボアズ・ガノール所長は、元イスラエル空軍のインテリジェンス・オフィサーで「テロ問題の神様」と呼ばれる人物だ。

二〇〇一年九月一一日の米国同時多発テロ事件について、ガノール氏は、同年三月にこの種のテロが起きる可能性について予測していた。ガノール氏は、宗教学、歴史学、軍事学、インテリジェンス研究、物理学、化学、心理学などの学際研究としてテロ問題を扱い、独自の分析方法を確立している。

そのため、インテリジェンス専門家の間では、テロ事件についてのガノール氏の見解には一目置いている。朝日新聞に掲載されたガノール氏のコメントを引用しておく。

〈■「戦略変化、危険度増した」対テロ国際研究所（イスラエル）ボアズ・ガノール氏

今回のパリの同時テロは、ＩＳに雇われて訓練や装備、作戦計画を与えられた活動家による最初の組織的な攻撃である可能性が高い。ＩＳはこれまでシリアとイラク外で、ローンウルフ（一匹おおかみ）や地方組織に攻撃を呼びかけていたが、作戦上のつながりはなかったとみられる。ＩＳのテロ戦略の大きな変化を反映しており、危険度ははるかに高くなった。

犯人は、①外国人戦闘員としてシリアやイラクに渡った後、帰国するなどし、ＩＳの攻撃指示を待っていたフランス国内の「スリーパー（眠っている人）」②攻撃のために外からフランスに入り込んだ「９・１１」（米同時多発テロ）型の二つが想定され、組み合わせも考えられる。

この2週間、ＩＳを攻撃する国や勢力に対する三つの出来事があった。パリのテロ、ロシア機墜落、そしてイスラム教シーア派組織ヒズボラが拠点とするレバノンの首都ベイルートでの連続爆発だ。いずれもつながりがある可能性が高い。

ＩＳはこの数カ月、シリアやイラクでの戦闘で劣勢に立たされている。国外でのテロを成功させることで、シリア領内での対ＩＳ攻撃をやめさせる狙いがあったとみる。

ＩＳにとって最大の標的は米国だが、欧州の方が難民などの形で入り込むのはずっと容易だ。一部はシリア難民を装ったとみられ、欧州の難民受け入れの議論にも影響を与えるだろう。

今回のような組織的な大規模テロを起こすには相当な準備と時間が必要だ。多くの人間が関与したテロを、欧州の情報機関が知り得なかったとすれば深刻な事態だ。近い将来のさらなる攻撃に備えるべきだ。（聞き手・渡辺丘）〉（二〇一五年一一月一六日「朝日新聞デジタル」）

ガノール氏は、ＩＳが追い込まれていることが、今回のテロの原因と見ているが、この見方は正しい。具体的には、ロシアがシリアのアサド政権に対する軍事支援を強化し、ＩＳ支配地域を空爆したことで、ＩＳはかなり疲弊している。窮地に陥った場合は戦線を拡大し、局面の打開を試みるという、インテリジェンスの定石に従った行動をＩＳは取っている。パリで同時多発テロが起きた直後に総合的な分析ができるのは、ガノール氏に危機を覆す情報分析力が、そして危機を克服する知性が身に付いているからだ。

これに対して、フランスのフランソワ・オランド大統領は、事柄の本質がわかっていない。テロ事件の翌一四日、オランド大統領は、パリの大統領府で閣僚らを緊急招集して国防会議を主催した後、国民向けにテレビ演説をした。この演説においてオランド大統領は、〈同時多発テロについてイスラム過激派組織「イスラム国」が実行したと断定し、報復の意思を示した。／オランド氏は「国外で用意周到に準備され、フランス国内の共犯者とともに実行された戦争行為であり、極めて野蛮な行為だ」と非難した。／その上で「恥知らずな攻撃を受けたフランスは『イスラム国』の蛮行と無慈悲な戦いを決行する。テロの脅威に同様にさらされている同盟国とともに、国内であれ国外であれ、あらゆる手段を駆使して戦う」と報復に言及した。〉(二〇一五年一一月一四日「共同通信」)。

オランド大統領が述べる「あらゆる手段」で、まず取られたのが米国だけでなくロシアとの対テロ軍事協力だ。しかし、軍事攻撃をいくら強化して、ＩＳの拠点を全面的に破壊しても問題を解決することはできない。率直に言うと、オランド大統領は、怒りで原因と結果を取り違えてしまっている。

ＩＳが、国際社会の秩序を混乱させている原因であるという見方は間違いだ。ＩＳは原因ではない。サイクス・ピコ秘密協定（一九一六年）に基づいて、欧米の都合で中東の宗教、歴史、地理、部族の分布などと無関係に国境が引かれ、建設された国家が機能不全を起こしていることが原因で、その結果、ＩＳが生まれたのである。

中東に安定した新秩序が形成されない限り、ＩＳを除去しても、別の名称の団体が、似たようなテロ活動を起こすことになる。

この地に安定した新秩序が近未来に形成される可能性は低い。従って、アッラー（神）に制定されたシャリーア（イスラム法）によって統治される単一のカリフ帝国（イスラム帝国）を樹立し、その帝国が全世界を支配する状態を、暴力やテロに訴えてでも実現しようとする運動は、今後も続く。

当面は、空爆でＩＳの拠点を破壊するとともに、ＩＳの要求を一切受け入れず、テロに関与した者については法規を厳格に適用して責任を取らせるという、対症療法を続けるしか打つ手がない。テロを続けても目的が達成できないと判断すれば、ＩＳは戦術を変え、とりあえずテロの流行は終焉《しゅうえん》する。しかし、根本原因である中東の混乱が解決されていないので、我々が現時点では想定していないような、面倒な問題がテロに代わって起きることになる。

インテリジェンスの世界では、「悲観論者とは、情報に通暁した楽観論者のことをいう」という俚諺《りげん》がある。

危機を覆す情報分析を身に付けると、確かに世の中が少し暗く見えるようになるかもしれない。しかし、暗さは暗いと認識して初めて、明るくするための現実的方策を考えることができるようになるのである。

二〇一五年一二月二二日　曙橋（東京都新宿区）の自宅にて

佐藤　優

第一講　〈情報〉とは何か

インテリジェンスは常に物語として出てくる

今回の講義で参考書指定をした本を読んでこられた方は、どれぐらいいらっしゃるでしょうか。特にローエンタールの『インテリジェンス』は、退屈で読み切れなかったかもしれません。退屈なインテリジェンスの教科書もどきという本は、実務の役にはまったく立ちませんが、基本的な概念は知っておいたほうがいいと思います。教科書とは異なり、私がここでお話しすることは、「実務と結びつけてどのように物事を見ていくか」という視座で私が組み立てたインテリジェンス論になります。

さて、インテリジェンスという概念は、比較的最近になって出てきたものです。インフォメーションとインテリジェンスとはどう違うのか。インフォメーションというのは、周り中にある情報すべてのことを言います。新聞はインフォメーションです。それに対して、秘密情報を取ってきたら、それはインテリジェンスです。新聞の情報に評価を加えることをインテリジェンスとする言い方もありますが、それはちょっとズレた見方です。

そもそも情報という言葉は明治以降になってできた言葉です。情報とは intelligence の訳語。軍事用語で、敵情報告という意味。敵の様子を見て報告するというのが本来の訳ですが、今は敵情報告というより、インフォメーションの意味で使われるのが一般的です。インフォメーションにも指向性が含まれています。新聞も世の中に起きたことをランダムに拾うだけでは、新聞にはなりません。編集権によって取捨選択をしています。

インテリジェンスとインフォメーションの違いとは情報の濃度、密度にあると言っていいと思います。それから幅、指向性です。この違いに特徴があることに留意しましょう。つまりインフォメーションにも必ずインテリジェンスの要素があり、インテリジェンスはインフォメーションをベースにしなければ成立しないという相関関係が基本になるのです。

この類比は、ドイツ語がおわかりになる方は、ヒストリエ（Historie）とゲシヒテ（Geschichte）の違いに似ていることに気がつくと思います。ヒストリエとは特段の史観なくして歴史記述をしていくという記述史、年代記みたいなものを指します。しかし、少し考えてみると、どの話を残してどの話を残さないかに関しては、どこまで意識しているかは別として、選択の基準があるわけです。そこには史観があります。ゲシヒテになると、出来事をつなぎ合わせて点と線で物語をつくっていきます。つまり、我々が日常的に使っている〝歴史〟とはゲシヒテ、物語としての歴史なのです。

では、客観的な歴史は存在するのか。たとえば、日本と韓国、日本と中国の間で客観的な歴史観を持てばいい、という意見が聞かれるようになっています。これは歴史を知らない人の言い方です。もし二つの国の間で歴史がまったく一緒になったら、それは二つの国ではなく、一つの国として統合しているということになる。歴史が一緒になるというのは、そういうことです。歴史は物語なのです。

インテリジェンスは常に物語として出てくるということを、認識しなければいけない。アメリカのCIAが語るのはCIAとしての物語。ロシアのSVRが語るのはSVRの物語です。ですからインテリジェンスを勉強するとき、一番重要なのは、実は文学なのです。文芸批評的な手法、文学史的な手法、これが重要になってきます。ところがインテリジェンスに従事する人間は官僚が多い。官僚は小説は読まない者が多いですから、ズレたインテリジェンスとなってしまうのです。

インテリジェンスは、基本的にアートである

ローエンタールやアメリカ陸海軍の『リーダーシップ』などは、まさに小説を読まない官僚型の人たちに向けたリーダーシップ用のマニュアルです。インテリジェンスをギリシャ語でいうテクネーとして見る、すなわち、テクニック（技術）として見る、典型的なアメリカの考え方です。

これに対して、イギリス、ロシア、イスラエル、その他のヨーロッパ諸国は、基本的にインテリジェンスはアート（芸術）と見ています。訓練をすれば誰にでもできるというものではない。訓練をしてなれるのはテクニカルスタッフのレベルで、高度な分析官、あるいは高

度な情報収集や情報収集者を運営するインテリジェンスオフィサーには、特別な才能が必要であると考えています。だから試験のやり方も変わってくる。

CIAの場合、テキサスあたりの地方紙に一面の募集広告を出します。「冒険が好きな者集まれ。高給で優遇します」と。そうすると「俺、一二〇〇倍の競争通ったんだぜ」というシュワルツェネッガーみたいな雰囲気の人が、合格します。それに対してイスラエルのモサドは、オープンにしないといけないので一応公募もしていますが、応募してくる人はまず採りません。もっとも採用試験の成績が非常に良ければ分析部局で翻訳などの簡単な分析をやらせて、しばらく様子を見て、適性があったら情報部局に回すということはします。だが、そういう人は少ない。イギリスのMI6のホームページ、SIS（Secret Intelligence Service）を見ると、職員募集の項目があります。ただしあまり応募しないほうがいい。そのようなところをクリックしたりすると、「こいつはなんだろう」とマークされますから。

ちなみにSIS、モサドの両方のホームページはアラビア語が非常に充実しています。「何でも質問に答えます」と。調子に乗ってそこにアクセスをしていると、やはりろくなことにはならないでしょう。

イスラエルのモサドでは、リクルートオフィサーは非常に優秀な人にやらせています。モサドの場合、職員のほとんどがリクルートを担当していると言っても過言ではありません。

いい人材がいたらいつでも見つけてこいという。人材のプールは基本的に軍と大学院です。軍と大学院の中でインテリジェンスに向いていそうな人間がいたら、交友関係、本人の性癖、飲酒癖などを調査します。親戚《しんせき》にロシアの情報機関がいないか、アメリカの情報機関の人間がいないかまで徹底的に追求します。ことにギャンブルをやる人間は、完全にアウト。日本でいえばパチンコ屋に通っていると、インテリジェンス機関には入れないことになるのですが、日本の公安部のお巡りさんはパチンコ好きな人もいますから、ちょっと国際基準とは違います。

アメリカやドイツ、イスラエルの外務省では、同性婚をしている人がいます。情報機関では、一応同性婚を認める立場をとっていますが、現実には同性愛者は採用しません。そこには情報機関の経験則があるわけです。たとえば皆さんの中でもキム・フィルビー事件（キム・フィルビーはＳＩＳに所属していたが、ソ連のスパイ、いわゆる二重スパイだった。発覚後、ソ連に亡命。ケンブリッジ大出身であった）について書かれたノンフィクションや小説を読まれた方がいると思います。あのときケンブリッジ大学のエリート学生にソ連のスパイ網が張り巡らされました。そのネットワークの一部は、同性愛関係を通じてできたものだったのです。同性愛者は組織に対する忠誠と、同性愛的な友人との関係のどちらを優先するかというと、友人との関係を優先するのではないか。こうした疑惑があるので、情報機関は同性愛者を拒む傾向が現在もあります。

イギリスにおいては、二〇世紀の初めまではカトリック教徒が情報機関幹部になることはできませんでした。カトリック教徒は、バチカンと通じている可能性があると見なされたからです。同性愛者と同じく二重忠誠という問題があるので、この人たちも入れなかったのです。そうすると日本においても、創価学会員に対して、情報機関は職務の本能として警戒します。ぎりぎりのところに来た場合、彼は創価学会と日本政府のどちらに向くのかと警戒する。裏返すと、こうした二重忠誠を問われない宗教は、宗教としてはほとんど形骸化《けいがいか》しているということになります。

知っていることと知らないことを分ける意味

なぜこうした話をしたかといえば、インテリジェンスは基本的に国家の仕事だからです。国家に類似の団体からインテリジェンスの派生形が出てきたり、あるいはインテリジェンスの技法の一部が、民間や個人でも引用できるようになっていますが、本質は国家の仕事です。

まず、インテリジェンスの語源自体を見てみましょう。接頭辞は intus、間にという意味。語幹になる言葉がレゲーレ、legere。

ちなみに、私の講義はパワーポイントも使わず、今回はレジュメも配布していません。話を聴きながらノートを取っていただくかたちをとってもらっていますが、言っていること全部をベタで取るようなやり方はダメです。ここがポイントと思うところや大事な数字を明記して、流れが把握できるようなノートにしてください。講義が終わった後、できれば三時間以内にノートを見直し、話を辿《たど》ってみましょう。時間のある人や学生諸君などは今日中にできるだけ正確に、レポートとしてまとめてしまいましょう。この訓練をするだけで、記憶力が増します。騙《だま》されたと思ってやってみてください。

ＩＣレコーダーは使わないほうがいい。録音しても、どれくらい要点を取りこぼしているかのチェックに利用するくらいにしたほうが良い。つまり、今ここで聞いていることをメモに取るのは、理解できないことはメモできないことをしっかり知るためなのです。

たとえば「セヴォードニャムニエハチェーラシブィパッチェルクヌチアチェルティヤポンスコイラズヴェーダヴァーチェリノィスルージュブィ」と言った場合、ロシア語のわかる人なら簡単にメモを取れます。「今日は私は日本のインテリジェンス機関の特徴について述べたかったんです」という意味です。しかし、ロシア語を知らない人にとってはただの雑音にすぎないため、当然メモはできません。わかることしかメモは取れないので、メモを取ることによって、自分の中で自然に仕分けができてきます。ここまではわかって、ここからがわからないと。ＩＣレコーダーを置いて聞き流していたら、わかっているかわかっていないかが不明瞭《ふめいりょう》になります。知っていることと知らないことを分けるのは、インテリジェンスの技法の中でも非常に重要なことなのです。

さて、語幹であるレゲーレ（legere）に関してですが、これを探るのに困ったことがあります。ラテン語やギリシャ語の辞書では、動詞の原形を引いても絶対に出てきません。なぜなら古典語の辞書は伝統的に一人称単数形の動詞変化形で載っていますから、legere ではなく lego（レゴー）で出てくる。組み立てるという意味。そして intus が付くと組み立てたものの間の意味になります。

たとえばこの部屋の後ろの壁を打ち抜いて、隣の部屋とつなげようと思ったとします。しかし、もし壁が構造壁だと、それを抜くと建物が崩れる危険性があります。我々素人には見当がつきませんが、建築の専門家なら壁の造りを見て、それを打ち抜くことができるかどうか判断できます。どういうリフォームが可能か、見ただけで判断できる。

こうした力があれば、日常的なニュースを見ていても、それを組み立てる柱の構造がわかってきます。これは重要な柱で、これはそうでもないと。

先ほども言ったように、legere とは、lego、ラテン語で組み立てるで、ギリシャ語には「読む」という意味があります。ですからインテリジェンスというのは、構造を把握すること、具体的には行間を読み取るという意味も出てくるわけです。

これからは再び、ヨーロッパを知らないといけない時代になってくる。ヨーロッパとアメリカの差は大きくなる一方です。アメリカではPh.D.を持っているインテリでも、ギリシャ文字を読めない人はたくさんいます。一方、ヨーロッパのインテリでギリシャ文字、ラテン語を読めない人は一人もいません。

日本の知識人がギリシャ文字を読めるようになるのは、思っている以上に重要なことなのです。勉強はたくさんする必要はありません。通算一〇時間くらいやれば大丈夫。岩波書店から『古典ギリシア語初歩』が出ましたが、最初の二〇ページくらいやればいい。もし最後まで到達すれば、国際レベルの中級くらいになれると思います。岩波全書の『ギリシア語入門』は恐ろしく難しいので、だいたい三〇ページぐらいで全員挫折《ざせつ》します。最初の一五ページぐらいを目標にすればいい。最後までやり通せるよう工夫してつくられているのは、白水社の『CDエクスプレス古典ギリシア語』です。『ニューエクスプレス』はラテン語も出ていますので、使い勝手がいいです。もっと本格的にラテン語をやろうとする人には、昔、南江堂から出された『新ラテン文法』という本があります。ラ和辞典に関しては、二〇〇九年に研究社から使いやすい辞書が出ています。私の学生のころは昭和の初めにできた辞書を使っていたものです。

本格的なものを望むなら、オックスフォード大学が出しているラテン語辞典やギリシャ語辞典。昔の電話帳の四倍くらい厚くて、一冊四万円くらいします。置く場所にも困るのでIntermediate という小さいタイプのものを使うといいでしょう。ラテン語・ギリシャ語に目を向けると、世界が広がることを実感できます。

なぜ勉強時間が通算一〇時間でいいかというと、大学のときの第二外国語のことを思い出してください。あの勉強時間は実質一〇時間ぐらいなものです。授業のときは返事だけして下を向いて、先生に当てられそうなところだけ予習しておく。半年かけて進むのは四、五ページくらいですから、試験のときはそこを訳本で丸暗記して対応する。それが日本の第二外国語の正しい勉強の仕方になっています。通算の勉強時間は一〇時間くらいですから、ギリシャ語やラテン語も第二外国語のレベルで取り組んでくだされば、少なくとも文字は読めるようになります。文字が読めると、名言集なども引くことができるようになる。それによって知の幅は、ずいぶん広がるのです。

物語が欲しいから陰謀論に飛びつく

ヨーロッパとアメリカの差の大きさは、シリアの空爆問題で可視化されました。真理は具体的ですから、シリアの問題について話しましょう。シリアがなぜ混乱しているのか。シリアで大量破壊兵器、化学兵器である毒ガスが使われました。その毒ガスはサリンらしいという情報が出ています。

こういった情報が出ると、過剰な反応が起こりやすい。ラジオに出たときなど、メールやファックスの三分の二が陰謀説を疑うものでした。「サリンというのはアメリカがつくった陰謀ではないか」「フリーメーソンがシリアで戦争を起こして金儲《かねもう》けを企てているのではないか」「ロスチャイルドやロックフェラーはどう出ているのか」といったものが非常に多かった。これは最近の傾向です。物語が欲しいのです。物語が欲しいから、すぐ陰謀論に飛びついてしまう。

陰謀論は日本の調子が悪いのは誰かのせい、自分の様子が悪いのは誰かのせいと、人のせいにするのが特徴です。情報操作としてはいいかもしれません。ネットやウィキペディアに、特定の立場に有利になるような書き込みを組織的にしていけば、人々のものの考え方を誘導できるようになるかもしれない。

皆さんが勤めている会社に不満があるとしましょう。匿名サイトで「うちの会社はブラックじゃないか」と書き込みをすると、「うん、ブラックだよ」という反応が必ず返ってきます。それを読むと、「やっぱりブラック企業なんだ」と納得します。自分が思っていることを「こうではないか」と書き込めば、必ず「そうだ」という返事が来る。たとえば「ツチノコを見たことある人」と書き込めば、「見たことがある」との情報が来ます。

これは昔「週刊プレイボーイ」の編集部でよくやっていた方法だそうです。「週刊プレイボーイ」のベテラン編集者によると、たとえばUFOやツチノコが話題になるぞと思ったら、まず「UFOを見た方、ツチノコを見た方はご連絡ください」と告知をします。すると必ず見たことがあるという連絡が来る。取材に行って、この雑誌に情報を提供する人が嘘をつくはずはないとの前提で記事を組み立てると、あっという間にツチノコ発見記とかUFO飛来という記事が出来上がって話題になる。この方法ですと、情報の持ち込みがあったのでその話をまとめたわけですから、捏造《ねつぞう》には当たらないわけです。

そのような記事で盛り上がっていると、時々「私は宇宙人です」と訪ねて来る人がいるようです。「今度の日曜日に地球最後の日が来るからぜひ記事にしてほしい」と。そのようなときは「うちの雑誌は火曜日発売で間に合いませんから、近くの毎日新聞に行かれたらどうですか？　新聞なら間に合いますよ」と対応したそうです。毎日新聞としてはいい迷惑だったと思います。

このような話なら笑い話で済むのですが、シリアの問題に関しては、陰謀説も複雑で深刻になります。たとえばアメリカの軍産複合体の景気を良くするため、ＣＩＡや武器輸出会社が謀略をめぐらせ、シリアの反政府軍にサリンを持たせている。ロシアにはスノーデンがいますが、スノーデンは実はアメリカがシリアに武器輸出をしているという情報を山ほど持っている。それをプーチンが握っているので、今回アメリカと全面対決をしているんだ、など。

こうした話は私の見るところ、先ほどの日曜日に地球が滅亡するというのと同じレベルなのですが、何となく信憑性《しんぴょうせい》をもたれてしまうわけです。

スノーデン事件は香港CIAステーションのミスだった

スノーデン事件とは、NSA（米国国家安全保障局）に在籍し、情報収集に携わっていたエドワード・スノーデンという男性が、二〇一三年五月香港《ホンコン》に亡命してこれまでの諜報《ちょうほう》活動を告白し、ロシアに移住したというもの。実は、プーチンはスノーデンが大嫌いです。スノーデンのことを「コブタ」とか「ゴミ」とかまで言っています。

プーチンは「元インテリジェンスオフィサーという言葉は存在しない」ということをよく口にしています。要するに、国のために働きたいと情報機関の組織に入ったなら、その人間は組織をたとえ離れても、一生国家のため、インテリジェンス機関のために尽くすものである、それを忘れてはいけないという考えの持ち主です。だから、美人過ぎるスパイと注目の的になったアンナ・チャップマンがアメリカから帰ってきたときも、盛大な歓迎会を開き、一緒にダンスを踊りました。そのときにも「元インテリジェンスオフィサーは存在しない」とプーチンは言っています。

スノーデンはロシアのスパイではありません。彼はNSAの外注技術者で、いわゆる引き籠《こも》り型のネットオタク・ハッカーでした。その青年が、もしかしたら自分は悪いことをしているのではないかと、あるとき目覚めてしまった。アメリカは、ロシアがアメリカの情報を秘密裏に盗《と》っていると非難しているけれど、自分はアメリカ政府の仕事で各国の情報を秘密裏に盗んでいる。法律に違反しているし、このような悪いことをしているのはよくないと、告白したくなってしまった。

要するに中学生ぐらいの気持ちのまま、大人になってしまったわけです。そして香港に亡命し、NSAから持ち出した内部文書を暴露し、厖大《ぼうだい》な量の個人情報を監視収集していることをリークした。

プーチンから見ると、自分から手を挙げて情報機関に入った人間が、こんなことをやるなど、クズとしか思えません。一体アメリカはどういう人事管理をしているのか、となる。スノーデンは、当初の計画ではモスクワ経由でキューバに渡り、エクアドルに行こうとしていた、と言われています。

ところがモスクワに到着した時点で、彼のパスポートは失効していました。裏返して言うなら、香港から飛び出すときは有効だったのです。ロシアからすれば、アメリカはなぜ早くスノーデンのパスポートを無効にしなかったんだ、そうすれば香港から出てこられなかったではないか、となります。

これは明らかに香港のCIAステーションのミスでした。スノーデンが外国に出ることはない、だからパスポートを止める必要はないと思ったわけです。そして彼がロシアに入国してしまったら、アメリカへの強制送還を要求しました。ところが彼はロシアから見れば、犯罪者ではありません。

殺人などを犯していると、犯罪人の引き渡しという相互主義でアメリカに送還させられますが、秘密漏洩《ろうえい》事案の場合は、国ごとで評価が異なりますから、帰す必要はありません。しかもロシアはこれまで何度も犯罪人引渡条約を結ぼうとアメリカに提案していたのに、アメリカは拒否し続けてきました。ロシアとしては「ふざけるな」という気持ちになります。

プーチンの本音は、早くスノーデンには中南米に行ってほしかったのですが、アメリカが中南米に彼を受け入れないように相当な圧力をかけました。下手にスノーデンを乗せた飛行機を飛ばすと、撃ち落とされるかもしれない。あるいは強制着陸でアメリカの基地に降ろされて、ひどいトラブルに巻き込まれる可能性もないではない。そのため、どこも飛行機を出しませんでした。

結局、彼をロシアに受け入れざるを得なくなった。現在、難民として受け入れています。するとアメリカはロシアのやり方に非常に失望したと、米露首脳会談をキャンセルしてしまいました。ロシアに言わせると、アメリカは迷惑をかけたうえに、逆切れしてこちらを責めてきた。とんでもない話だ、だからシリアで事件が起きたら、思いっきり傷口に塩をぬり付けて倍返ししてやろうということになるのです。

プーチンの理屈はこうです。第一にシリアでは政府軍が攻勢である。攻勢である政府軍がなぜ化学兵器を使わなければならないのか。化学兵器を使うと外国から干渉を招くのは必至で、なぜそのような危ない橋を渡る必要があるのか。攻勢にあるがゆえ、政府軍に化学兵器を使う合理性が認められないと。

二番目は、アメリカが証拠を持っているというなら、それは国連で開示すべきという主張です。証拠はあるが情報源の秘匿のため開示することができないとの説明は、批判に耐えるものではない。開示できないならば、証拠はないと受け止めざるを得ないと言いきります。

このあたりからロシアはだんだん意地悪になってきます。

国連によって化学兵器が使われたとの証拠が提出されたなら、ロシアはその再発を防止する措置を取ろう。それを同僚である大統領としてのオバマ氏に呼びかけるのではなく、ノーベル平和賞受賞者のオバマ氏に対して呼びかけたい、と訴えました。ここでもうひと回り意地の悪い言い方をしたわけです。

アメリカは過去にアフガニスタンやイラクなどにさまざまな武力介入を行ったが、それによって解決できた問題が一つでもあっただろうかと、論理を組み立てました。インテリジェンスオフィサーとしてのプーチンの真骨頂です。ヨーロッパ各国がこの論理にどんどん乗っかりだして、世界はプーチンのつくったストーリーでアメリカを包囲し始めました。プーチンとすれば、「ざまあみろ」でしょう。サンクトペテルブルクのG20でプーチンとオバマが会ったときの写真を見ると、二人とも明後日《あさって》の方向を見ています。あの二人は本当にそりが合わない。

ただ、サリンがシリアで使われたという事実は確かで、これは動きません。YouTube にあがっている映像が捏造というのはあり得ない。恐らく政府軍が使ったと思います。

ここで三つのシナリオが出てきます。一番目のシナリオは、アサド大統領の命令によって政府軍が反体制派に対してサリンを使用した。これが事実なら空爆をしてシリア政府を叩《たた》き潰《つぶ》さないといけないというシナリオです。

二番目は、政府軍がサリンを使ったことは確かだが、アサドの了承は得ていないというシナリオ。アサド自身、サリンを使う選択はあり得るなと思っているけれど、明示的な了承は与えていない。曖昧《あいまい》ななかで、政府軍が使ったという可能性。

三番目は反政府軍が使ったというシナリオです。三番目はさらに二つの枝に分かれます。一番目の枝は外国からサリンを入手したもので、外国からの謀略ということになります。二番目の枝は、国内で政府がサリンを管理できなくなってきている。横流しが起きて、反体制側が手に入れた実態を現しています。いくつかの枝に分かれているわけです。

重要なのは基礎知識

情勢を分析するときには、無意識の内に今言ったようなフィルターにかけます。分節化をしていくつかの〝場合分け〟を行います。この場合分けがきちんとできないと、そのうちの一つの枝だけを取って来て、これに違いないと思いこんでしまう。どの枝でも理屈は説明できるので、他を見ようとしなくなります。

こうしたときに重要なのが、歴史に関する知識です。シリアに関してなぜ日本の報道は、ピントがズレるのか。だいたい自国民にサリンを使う政権などあり得るのか、と普通は思います。北朝鮮《きたちょうせん》でも考えられない、アフリカ部族紛争でもエジプトでも考えられない。しかし、シリアではあり得ます。シリアにおける非常に特殊な事情がそれを起こさせるのです。

アサドをはじめとするシリアの指導層は、アラウィー派という宗教に属しています。日本の新聞にはアラウィー派はシーア派の一派だと書かれていますが、シーア派の一派という見方をすると、もうわからなくなってしまう。シーア派でもスンニ派でも、自分たちはムスリム、イスラム教徒であるとの意識は共有されています。ムスリム同士でストレートな殺し合いをするということは、通常考えられません。

大切なのが基礎知識です。中東の情勢を見る場合に、欠かせないのは岩波の『イスラーム辞典』。これを持たずして中東情勢について語るのは、相当に乱暴な話ですが、現実には乱暴なことが起きています。価格は七五〇〇円で安くはありませんが、新聞社としては楽々買える値段です。新聞記者ならイスラムに関係する言葉が出てきた場合には、この辞書を引くという努力を惜しんではいけません。この本の項目の三〇〇番にアラウィー派という項目があります。


〈シーア派の一派。第4代カリフのアリーに従う人びとを意味するが、現在ではシリアのラタキヤ地方の山岳地帯に拠点を置き、トルコ南東部やレバノンにもそのコミュニティが存在する。第1次大戦以前はおもにヌサイリー派と呼ばれた。

シリアでは人口の約12%を占めるにすぎないが、バアス党や軍を事実上支配し政治的に大きな力をもち、アサド大統領一家もこの宗派の出身である。フランスの分割統治政策により1922年、地中海沿岸の諸都市とその山岳地帯（アラウィー山地）を中心としてアラウィー国（自治区）が誕生すると、これまで異端として断罪され周辺イスラーム社会から疎外されていたアラウィー派の政治参加が進んだ。シリアの独立後52年にはシーア派としての裁判所を開設する承認をえる。バアス党内での勢力拡大、そして71年のアサド政権の誕生もあって、73年レバノンのシーア派イスラーム最高評議会議長のムーサー・サドルは、アラウィー派をシーア派として認定した。〉（大塚和夫、小杉泰、小松久男、東長靖、羽田正、山内昌之編集『岩波　イスラーム辞典』岩波書店、二〇〇二年、七二頁）

ここのところまで読めばおわかりでしょう。アラウィー派とは元々シーア派認定されていないラタキア地方、すなわちシリアの北西部にある山岳宗教の信者です。かつ被差別民でもあります。その被差別民をフランスが委任統治するときに、統治の手先として使ったという経緯があるわけです。シーア派として認められたのは一九七三年。もっと言うなら、シリアはレバノンに対して影響力を行使できる立場にありますから、シーア派のステータスを購入したのです。源氏《げんじ》か、平家《へいけ》かと系図をつくるのと同じことです。そうしてシーア派になりました。

もう少し先を読んでみましょう。

〈ヌサイリー派の名称は、シーア派（十二イマーム派）11代イマームのハサン・アスカリーの側近であったムハンマド・イブン・ヌサイル（9世紀）に由来するといわれる。その教義についてはイスマーイール派の影響が強いといわれるが、キリスト教の教義やさらにシリアの土着宗教の伝統が混在していると考えられている。神はこれまで7回姿を現し、第4代カリフのアリーはその最後の姿であるとアリーを神格化したことに大きな特徴がある。また神は、マアナー（意味）＝アリーとしてそれと不可分のイスム（名前）＝ムハンマドとバーブ（門）＝サルマーン・ファーリスィーをともなって現れたという三位一体といえる信仰や、善人の魂は死後他の人間に受継がれ、悪人の魂は獣などになるという霊魂の転生（タナースフ）の信仰等も特徴的なものである。アーシューラーも含め、イスラームの主要な祝日、またノウルーズ（新年）などに加え聖霊降臨祭をはじめとするキリスト教の祝日も祝われる。中心地は、アサド大統領の出身地でもあるクルダーハ。〉（前掲書、七二頁）

この情報に接しているか接していないかで、シリア情勢の見え方はまったく変わってきます。アラウィー派という特殊な宗教のグループがいて、その人たちが国家を統治しているのがシリアなのです。彼らの同胞意識は強く、アラウィー派以外の人間は外側の異教徒であり、国民と思っていない。だからアサドのお父さんはムスリム同胞団を皆殺しにしました。そうして反体制の受け皿がなくなったわけです。

アサド政権には綺麗に消えてもらわなければならない

シリアの反体制派で動いているのは、六本木《ろっぽんぎ》あたりで〝なんとか連合〟といって騒いでいる半グレのようなものです。この半グレの連中にアメリカやフランスがカネと武器と制服を渡して、反政府軍に仕立てているのが現状です。こんな〝なんとか連合〟みたいなものが軍服を着て機関銃を持って走り回っている。バズーカ砲も持っているし、もしかしたらサリンも持っているかもしれない。国民にすれば勘弁してくれという話です。

ちなみにバッシャール・アサドという大統領は、元々は眼科医です。ロンドンで眼科の勉強をしたインテリで、政治家になる気はさらさらなかったのですが、お兄さんが交通事故で死んでしまったために、父親にシリアに引き戻されました。戻ってきて改革・開放政策を一定程度遂行し、国民和解を図ることを次の目標にしました。和解のポイントは奥さんです。彼の奥さんは、人口の七割を占めるスンニ派の女性で、スンニ派の上層部をシリアのエリート層に入れていくという戦略を取りました。

シリアは、キリスト教徒も多い国です。キリスト教徒は人口の一〇％で、アラウィー派より少し少ない程度。ただし、このキリスト教徒は非カルケドン派になります。カルケドン派の信条はイエスは真《まこと》の神で真の人であるとして、正教会・カトリック教会・プロテスタント教会のベースになっています。これと考え方の違う、非カルケドン派の人たちは、ヨーロッパ・ロシア・ギリシャでは徹底的に弾圧され、オスマン帝国イスラム世界に逃げのびました。コプト教会もそうです。アラブ世界では、非カルケドン派のキリスト教はなかなか大きな勢力を持っているのです。

そうすると、シリア情勢は今後どうなっていくのか。アサド大統領にはもう国内全域を実効支配する力はありません。点と線で重要な都市は押えていますが、反アサドのグループを完全に追い出すことは不可能でしょう。叩き潰すことができません。

シリアがさらに混乱するとどうなるか。アラウィー派は山に戻ってしまうでしょう。なぜならアラウィー派が元々住んでいるのは、日本で言えば秩父《ちちぶ》の山奥のような山岳地帯。そんなところに拠点があり、神殿があります。そこでアラウィー国をつくるかもしれません。それは別に構わないのですが、問題は地下の貯蔵庫に蓄えているはずの膨大なVXガスやサリンをそのまま残して逃げていく可能性があるということです。北朝鮮はものすごく高いレベルのトンネル掘りの技術を持っていて、アサド政権はその技術を導入してトンネルを掘りました。人工衛星は地下を映しだせませんから、慌てて逃げ出すと、化学兵器をすべて置いたままにすることも考えられます。

化学兵器だけでなく、ロシアから買ったS‐300や地対空ミサイルシステムも、山岳地帯には持っていかず、システム完備のままダマスカスに残していく可能性もあります。そうすると、最悪のシナリオとして、レバノンからヒズボラが乗り込んできて「ごっつぁんです」とばかりに置いていった武器を自分たちのところに持ち運ぶ。その武器を使ってヒズボラは、イスラエルを攻撃して第五次中東戦争が勃発《ぼっぱつ》する。

だからこそ大量破壊兵器をきちんと管理しながら、アサド政権に消えてもらわないと困るのです。オバマが最初から全面戦争だと言わないのは、あの周辺が混乱したら大変なことになることをわかっているからです。レッドラインを引きましたが、逆にオバマは自縄自縛になっています。

こうした問題への対処は二つのやり方しかありません。一つは全面戦争による徹底的な介入。イラクやアフガニスタンでやったような、皆殺しも辞さない地上戦を展開する。もう一つは何もしない。中途半端は絶対ダメです。

ところが今回のオバマは中途半端でした。それはアメリカ的なゲームのルールに、オバマが法律家であるため、囚《とら》われてしまっているからです。レッドライン、それは何か。化学兵器を使うことだ。化学兵器を使った者がいるなら、それは処罰しなければならない。アメリカの情報によれば、アサドの指導の下、政府軍が組織的に使ったことが判明した。政府軍の誰が使ったかに関しては、はっきりわからないが、だいたいこの村出身の人間が使ったのだろうと、その村を徹底して攻撃する。そうすると皆殺しにされたくないから次は使わなくなるはずだ。そういうやり方です。

「一人殺すと二〇〇〇人殺される」という〝ルール〟

ローラン・ビネの『ＨＨｈＨ』という小説が読まれました。邦訳も東京創元社から出ています。副題は『プラハ、１９４２年』。『ＨＨｈＨ』とは「ヒムラーの頭脳はハイドリヒと呼ばれる」の略ですが、ハイドリヒはナチスドイツの高官。ナチスで№５以内に入ったボヘミア・モラヴィア総督のラインハルト・ハイドリヒです。彼がロンドンから送られてきたチェコスロバキアの亡命政府の刺客によって殺されたという事件をモチーフにした小説です。チエコの刺客、パラシュート部隊の生き残り三人は、最後にプラハの街の中にあるチェコスロバキア正教会の地下室に逃げ込んで抵抗します。それに対してナチスは消防隊を出動させ、溺《おぼ》れ死ぬ前に出てくるだろうと、消火栓を開けて水攻めにする。しかし、彼らは脱出せずに自決します。これは、ナチスに対する抵抗運動の歴史の中でも非常に有名な話です。

このときヒトラーもヒムラーも、疑わしきは殺すということで、片っ端から二〇〇〇人ほどを殺しました。パラシュート部隊をプラハの郊外のリディツェという村の人たちが匿《かくま》った疑いがあると、その村にも報復を行いました。村の男は全員銃殺、女は強制収容所に収容し、子どもたちも大半は強制収容所で死にました。残る数名もドイツ人の家庭に送ってドイツ人として再教育させる。一つの村を完全に潰し、土地をならし、文字通り地上から抹殺してしまったのです。

なぜ二〇〇〇人しか殺さなかったかというと、チェコ人の労働力が優秀だったからです。シュコダ兵器工場で製造される機関銃はそもそもチェコ人が発明したもので、東部戦線やソ連戦線で使用されている。あまりチェコ人の労働者を殺すと、ドイツの軍需産業に影響が及ぶので、見せしめの適切な数として二〇〇〇人ほどにした、ということです。一人を殺すと二〇〇〇人が殺されるというゲームのルールをつくれば、テロは阻止できるだろう。それがゲシュタポの論理で、それは正しかった。その後、ナチスの高官が暗殺されることはなかったのですから。

現在のアメリカは、このときのヒムラーとだいたい同じことを考えていると思います。ナチスの場合はドイツ人がやられたことに対する報復ですが、アメリカの場合はシリアの中での報復を代わって行っているわけです。天に代わりて不義を討つということですが、こういうことは昔からよくある話です。

シリアで天に代わりて不義を討てないということなら、隣のイランに対して行う。イランの核の濃縮が二〇％以上になった場合はレッドライン越えだと、打ち出しています。シリアでレッドラインを越えてもアメリカが何もできないとなれば、イランは核を造るのではないか。オバマの頭の中は、その懸念でいっぱいになっています。効果はあってもなくてもとにかく爆撃したい、こういう考えが強くなっている。

ではロシアは？　軍産複合体の利益を生む重要な手段として、ロシアはアサド政権に武器を売っています。これは世界にとってよくありません。アサド政権は買った武器をあちこちに転売し、その結果、ロシアの武器がシリアを通じて世界に拡散することになりました。ロシアの論理からすると、今までお得意さんだったリビアをよくも潰してくれたな、シリア一つぐらい残しといてくれないと困るというのが本音です。

ただし、プーチンがやめると決めれば武器販売は止まります。軍産複合体はまた別のことで儲けることができるからです。ロシアがシリアに関して心配な情勢というのは、実はロシア国内のことです。北コーカサス情勢について非常に懸念している。

インテリジェンス分析はこのように、さまざまな背景事情が出てきて初めて合理的な説明ができるものです。理解ができない、訳がわからない事態が起きていても、必ず合理性がありまず。合理的に説明できないときは、知識が不足しているか、あるいは切口を間違えているか、その両方か。そのいずれかと捉《とら》えるべきでしょう。

シリア問題とつながるチェチェン問題

ではなぜロシアがアサド政権にテコ入れするのかというと、ロシアはロシアで自分のことしか考えていないからです。

話は二〇〇年前に遡《さかのぼ》ります。一八世紀終わりにロシアはコーカサスに入りましたが、そこでコーカサスの山岳民族の大変な抵抗を受けます。ロシアがチェチェンを平定するのは一八六四年ごろ。約一〇〇年に及ぶ徹底抗戦により、チェチェン人の九割が殺されたといわれています。

平定時、ロシアの支配を潔しとしない人々は、オスマン帝国のあちこちに亡命します。正式な統計はありませんが、トルコに約一〇〇万人、アラブ諸国に数万人の北コーカサス系の人々が住んでいるといわれ、彼らは亡命後もチェチェン語を維持しています。ちなみにロシア国内のチェチェン人は一九九四年の秋時点では一〇〇万人いましたが、今は約七〇万人。三〇万人はロシア人によって殺害されました。

チェチェン人は、男の子が物心ついたら必ず教えないといけないことがあります。それはお父さんの名前、おじいさんの名前、ひいおじいさんの名前と、七代前までの男の祖先の名前を正確に覚えさせること。どこで生まれてどこで死んだかも、覚えさせます。チェチェン人にとって墓は非常に重要です。そしてもし七代前までの祖先が誰かによって殺されることがあったなら、殺した相手もしくは七代あとまでの男系の子孫一人を殺さなければならない。そうした仇討《あだうち》の掟《おきて》を持っていて、現在も忠実に守られています。

それだけを聞くとなんと残酷な掟だろうと思えますが、そうではありません。ロシアがチェチェン戦争を始めるまで、コーカサス地域は殺人が最も少ないところでした。もちろん殴り合いになることはありますし、ナイフも携帯していますが、殺人までには至りません。ただし一回殺人が起きると、この血の報復の掟で一族全員が、相手を殺せと命令するわけです。

ちなみにこの掟が今も生きているのはアルバニアです。アルバニアの著名な作家、第一回国際ブッカー賞を受賞したイスマイル・カダレの小説『砕かれた四月』は、一族に伝わる復讐《ふくしゅう》の掟をモチーフにしています。

さて、一九二〇年代初めに北コーカサスにソビエト政権・共産主義政権が成立します。それまでは中東のチェチェン人とロシアのチェチェン人は自由に交流していましたが、ソ連になって国境が閉ざされると、交流が一切できなくなった。復活したのは、冷戦が終結するちょっと前の、一九八七、八年です。ゴルバチョフが登場すると国外に存在するチェチェン人の入国を認めるようにしました。

たとえば六五年前に日本からブラジルやパラグアイに移住した親戚がいても、だいたい連絡はつかなくなっているものです。向こうで生活基盤を持って六〇年以上が経つと、世代が三つほど変わりますから。日本語もだいたい忘れてしまうし、日本人以外の相手との結婚も進んでくるので、アイデンティティも変化していきます。しかし、お正月にはお餅《もち》を食べたりして、どこかで日本人としての複合アイデンティティは残っているわけです。

中東に亡命したチェチェン人も、チェチェン人としての複合アイデンティティは持っている。ちなみにチェチェンは北のほうが平野で、南が山岳地帯です。山岳のチェチェン人のほうがエリート。平野のチェチェン人は農業に従事していますが、彼らは農業とは弱い者が従事するものという考えを伝統的に持っています。では山岳にいる者たちは何をやるのか。コーカサス山脈は交易の要衝で、そこを通らないとペルシャに行くことはできないので、いろいろなキャラバンが通ります。彼らはそこの通行税を確保することで成功しました。よく言えば、商業路の安寧を保全している。悪く言えば追いはぎです。基本的にモノが足りなくなると、山から下りて平野の集落を襲って盗みを働くというのが昔からの慣習です。

だからソビエト政権になってからも工場で働きたがらない。何になりたがるかというと、空軍のパイロット、長距離トラックの運転手、あるいはタクシーの運転手。飛行機もトラックもタクシーも彼らにとっては馬なのです。馬に乗って縦横無尽に走り回るということに魅力を感じる。一九九一年に成立したチェチェン共和国の初代大統領のドゥダーエフ（ジョハール・ドゥダーエフ）はエストニアのタルトの防空司令官でした。対ＮＡＴＯの空軍です。

暗殺ほど人道的な政治変革はない？

ちなみにこの伝統はトルコでもアラブ諸国、特にヨルダンでも生きています。そのため馬に乗っている国王親衛隊や空軍には、チェチェン人が多くいます。特にヨルダンの秘密警察にはチェチェン人が多い。彼らはチェチェン語を覚えているし、七代前までの先祖を血の報復の掟によって覚えている。ですから一九二〇年代に関係が断絶しても、八〇年代の末に関係が回復すると、チェチェン人同士の交流がどんどん始まりました。

チェチェン戦争が起きたときは、同族がやられているということで、トルコや中東諸国から義勇兵が加勢しようとどんどんやってきました。モスクワでチェチェン情報を一番多く持っていたのが、ヨルダン大使館でした。なぜかというと、ヨルダンパスポートを持ったチェチェン人が入ってきたからです。当時モスクワにいた在留邦人が四〇〇〇人ぐらいでしたが、ヨルダン人は約五〇〇〇人。その全員がチェチェン人で、しかもマフィアとの関係が非常に深い。しょっちゅう逮捕騒ぎがあって、ヨルダン大使館の領事部は対応に忙殺されていました。

ヨルダンは日本の友好国ですから、大使館に行くとチェチェン情勢を詳しく教えてもらえました。そこで驚くべきことが明らかになった。

イスラム教にはいくつかの派があります。先ほど読んだ『イスラーム辞典』のなかにもイスマーイール派が出てきました。イスマーイール派は今はインドや中東に散在している小さな派ですが、そこから分派したニザール派はかつては世界を揺るがした教団でした。いわゆる暗殺教団です。

イスラム暗殺集団 assassin、アサシンとはケシのことですが、どうして assassin、assassination につながるのか。カスピ海の周辺に城を持っているこの暗殺教団が、若者にケシを飲ませて、洗脳したことからきています。「あいつを暗殺してこい。成功したらまたこの薬を飲んでいい気持ちにさせてやる。仮に死ぬことがあっても、天国に上がっておまえのことを処女たちが待っている。酒もいくらでも飲める」と。こうして洗脳を施していきました。ニザール派の暗殺者教団は、最初の洗脳型テロ集団です。

彼らの信条は、暗殺ほど人道的な政治変革はない、ということです。革命や戦争になれば、多くの人の命が奪われる。それに対して暗殺は「こいつがいるから世の中は悪くなっている」という首謀者をピンポイントで抹消する方法である。犠牲者の数は最少で、良い政治が実現できる。悪い奴を暗殺して殺すのが一番人道的であると、世界中に暗殺者を派遣しました。大変な存在力を持ち、マルコ・ポーロも暗殺者教団の話を『東方見聞録』の中で山の老人の話として書いています。

　このようにイスマーイール派やイランの一二イマーム派など、いくつもの派があるのですが、イランの一二イマーム派を除いては、ほとんど国際政治に影響は与えていません。我々とすれば、スンニ派だけを覚えておけばいいでしょう。スンニ派には四つの法学派があります。一番目がハナフィー法学派。トルコで強い勢力を持っています。二番目はシャーフィイー法学派で、インドネシア、北コーカサスに広がっています。三番目がマーリキ法学派。これはマグレブ、モロッコからエジプトにかけて強い。カイロのアズハル学院はマーリキ派の拠点です。リビアやアルジェリアもマーリキ派です。

　そして四番目がハンバリー派。実を言うと最初の三つの派は忘れてもらっても構いません。これらの派はお墓を大切にしたり祖先礼拝をしたり、地元の習俗とある程度の折り合いをつけています。それに対して四番目のハンバリー派は、原理主義そのもの。コーランと『ハディース』（ムハンマド言行録）の二つしかイスラムの法源として認めません。お墓の存在も認めません。

　このハンバリー派から現れてきたなかに、ワッハーブ派というグループがあります。ワッハーブ派は現在のサウード家が支配するサウジアラビアの国教となっています。サウジアラビアはそもそもサウード家のアラビアという意味です。一つのファミリーで持っている家産国家ですから国会はありません。このワッハーブ派のなかの極度に過激な集団が、武力によってワッハビズムを実現しようというアル＝カーイダなのです。

ウーサマ・ビン・ラーディンの論理

ウーサマ・ビン・ラーディンの映像が何回かビデオで流れました。撮った場所はだいたいアフガニスタンのどこかですが、いつも後ろに洞窟《どうくつ》がありました。なぜか？ ムハンマドがアッラーの啓示を受けたのは洞窟の中だったからです。彼らはムハンマドが啓示を受けたとき、世の中は最も正しかったが、時間が経つにつれて人々は堕落し、悪くなっていったという下降史観をとっています。それを表しているのです。ウーサマ・ビン・ラーディンは、今のサウジの王国はとんでもないと訴えます。

たとえばワッハーブ派、ハンバリー派ではアルコールは厳禁です。ところがサウジの王族はウィスキーを山ほど飲んでいる。王族は、コーランで禁止しているのはブドウで造った酒だから、ブドウが原料でないウィスキーは飲んでも構わないと言い訳する。

あるいはハンバリー派では、売春・買春は石打ちの刑です。石打ちは厳しい。大きな石なら一発で死んでしまいます。たいていこぶし大ぐらいの石を特別に選んできて、「どうぞ、御自由にお打ちください」と山積みにして置いてある。最初に投げるのは、告発した人です。

石が当たると本当に目が飛び出して鼻が折れて、歯が欠けてボロボロになって苦しみながら死んでしまう。売春や買春をした人間はこんな目に遭うという見せしめで、今も公開処刑で殺されています。

ところがロンドンのエスコートクラブなどに行くと、サウジの連中がたくさん来て楽しんでいます。彼らが行くのは、イスラムのウラマー（導師）が経営しているクラブです。名目は結婚斡旋所《あっせんじょ》です。イスラムの結婚は、結婚するときに離婚の条件を決めておきます。絶対離婚しないようにするために、離婚のときは黄金一トンとラクダ一〇〇頭という法外なものを慰謝料として支払うことにします。離婚できなくするための条件を立てるわけです。

イスラム教では男は、四人まで妻を持つことができます。金持ちは第三夫人までは持ち、四番目は空けておきます。そしてロンドンに行ったときに四番目の妻を探していると、件《くだん》の結婚斡旋所に相談に行くのです。たくさん写真を見せられて気に入った子がいると、離婚の条件を提示します。結婚時間二時間、慰謝料五万円。これで契約が成立すると、時間結婚も成り立つ。ウーサマ・ビン・ラーディンはそういうのは腐り切っている、おかしいじゃないかと厳しく糾弾しました。

さらに言うなら、サウード家があれだけの権威を持っているのは、メッカとメディナというイスラムの聖地を二ヵ所押えているからです。ところがサウジには米軍が駐留していて、この異教徒の駐留をどう考えたらよいかは、サウジにとって喉《のど》に刺さった棘《とげ》のようなものでした。サウジの宗教評議会は、アメリカはユダヤ教徒、キリスト教徒の国で、ユダヤ教徒とキリスト教徒は聖書を共有しているから、その連中を召使として使うのは構わないと言っています。偉大なサウジアラビアはアメリカを召使として使っているという説明です。

ウーサマ・ビン・ラーディンはそれは嘘だと言う。アメリカ人は神様を信じていない。あいつらはとんでもないカーフィル、無神論者だ。その無神論者と手を握っている今の王家も無神論者である。こいつらには世界にイスラム帝国をつくることなどできるわけがないと。アッラーの神は一人であるから、地上の秩序も一つであり、そこをカリフ（皇帝）一人が支配すべきで、これがハンバリー派の本来の原理だと訴えます。原理から逸脱している今の状況はとんでもないのだと。

説得力があります。だからお金が集まる。王族の周辺で締め上げても、お金を送る人がいますから、アル＝カーイダはなくなりません。

ロシアNo.2はチェチェン人だった

話を戻しましょう。チェチェンではロシアを追い出せ、と一九九四年から独立戦争が始まりましたが、これもいろいろ裏がありました。

あれは悪かったことが二つありました。一つは、首都グロズヌイに三〇〇〇メートル級の滑走路があったこと。もう一つは、ハズブラートフ（ルスラン・ハズブラートフ）という当時のロシアの№2がチェチェン人だったこと。

エリツィン政権ができた直後、ソ連が崩壊する前に、チェチェンはロシアから独立すると言いました。チェチェンの初代大統領になるドゥダーエフはエストニアの防空司令官でNATOに対する防空軍の代表でした。

ドゥダーエフはバルト三国が独立してしまいましたので、居場所がなくなりチェチェンに戻ります。チェチェンにおいて、エリツィンはクソヤロウで、俺たちの大切なソ連を崩壊させようとしている。ロシアからは離脱しよう、そして刷新されたソ連邦の一員になろうと一九九一年の秋には主張していました。ソ連維持ではありますが、エリツィンとは手を切りたいから独立するということです。

ところがドゥダーエフの希望ははずれてソ連は崩壊してしまいました。ロシアから独立をしているチェチェンだけが残され、さてどうするかという話になりました。ロシア軍を導入して平定することになりかけたら、ハズブラートフがちょっと待ってくれとストップをかけた。「俺たちの同族をいじめないでくれ、そのうちなんとかなるから」と。№2が言うのではしょうがないかと、ロシア軍は退きました。

そうしたら何が起きたか。グロズヌイの三〇〇〇メートル級滑走路に謎の輸送機がしょっちゅう来ることになった。その輸送機は何かを運んでいきます。チェチェンとロシアの間は国境がないので、チェチェンで税関はまったく手出しができません。グロズヌイの滑走路は密輸の中心点になってしまったのです。そしてその密輸の上がりがモスクワのチェチェン人ネットワークを通じてクレムリンへと還流しました。当時は公務員の一ヵ月の給料がドルにすると三ドルで、一〇ドルか二〇ドルあれば相当の買収ができました。

ところが、一九九三年一〇月にハズブラートフはエリツィンと大喧嘩《おおげんか》をして、最高会議の建物に立て籠ります。怒ったエリツィンはクレムリンから指令を出して戦車で大砲を撃ちました。ハズブラートフは捕まって失脚します。しかしハズブラートフとつながるチェチェンのマフィアと資金を流すネットワークは、モスクワに残り続けました。これを潰さないといけない。そして茶番劇が行われるのです。

ブルブリスの訓話

今でも覚えています。一九九四年一二月のある日、ちょうど大使館の忘年会の日でした。大使館の当直の受付から電話がかかって、エリツィンの側近であるブルブリス（ゲンナジー・ブルブリス）から「至急来ないか」と呼ばれました。彼は、ソ連崩壊のシナリオを書いた人間です。「今大使館の忘年会なんですけど」と言うと、「政治に関心がないんだな」とガチャンと電話を切られてしまいました。私は「これは危ない」と思って、大使に断わりブルブリスの家に駆け付けました。そうしましたら、「おお、政治に関心が出たか」と言われたものです。このようなやり取りをしました。

「いったい何ですか、先生？」

「大変なことが起きている。ステパーシン（セルゲイ・ステパーシン）を知っているか」

「ああ、あの元消防士で、『消防機関における党機関の役割』という論文を書いて博士号を取って政治家になり、今は秘密警察の長官をやっている人物ですね」

「そう、このステパーシンがバカなことをした。チェチェンのネットワークが面倒くさいので、暗殺者を雇ってドゥダーエフを殺しに行った。そしたら連邦防諜庁（連邦保安庁の前身）にドゥダーエフのスパイがいて、ばれちまってみんな捕まってしまったのだ。チェチェンのテレビに出て、こうして暗殺を頼まれた、金はいくらもらったなど、全部自白している。今は言論を抑えているが、抑えきれない」

「エリツィン大統領はどうなんですか」

「テレビを観ないからまだ知らない」

エリツィンはテレビを観ないし、新聞も読みません。エリツィンは非常に小心なところがあり、自分の悪口の記事やそういう類《たぐい》のテレビ番組を観るとすごく元気がなくなってしまう。悪い話は一切知らせないでくれ、というのが基本方針です。新聞は毎日A4版三枚以内に全部の記事をまとめて詰め込んだものを側近が渡しています。もちろんそこに載せるのは、今日もカマドから煙ががんがん出ています、みんながエリツィンに感謝、みたいな記事だけ。エリツィンもさすがに、少しは思います。「俺はだまされているんじゃないか」と。

本当のことを教えてくれる人は二人だけでした。一人はボディーガードのアレクサンドル・コルジャコフ。彼のことはとても信頼して、「大統領、結構嫌われていますよ」と耳打ちされると「そんな話があるのか」と受け取りました。

もう一人はテニスの先生。不遇時代のエリツィンの相手をしてくれた人です。エリツィンが失脚してゴルバチョフに追い出されたとき、彼の周りからは人がいなくなりました。関わり合いになりたくないから、彼が歩いていると、モーセの『十戒』の海が割れるみたいに、みんながすうっと離れてしまう。そのようなときに、タルピシチェフというテニスのコーチだけは一緒にテニスをしてくれました。エリツィンは権力を取った後にスポーツ観光国家委員会（省に相当）をつくり、彼を大臣に就かせました。それだけでなく、クレムリンの自分の部屋の隣にスポーツ担当大統領顧問室というのもつくり、彼を常駐させました。大統領の隣の部屋にいる側近中の側近です。その彼が一緒にテニスをしているときに、「大統領、評判が悪いようです」と教えてくれる。それ以外の人たちからは、悪い話は一切聞こうとしませんでした。

そのうちにコルジャコフなどは、人事に口出しをするようになり、だんだん政治がおかしくなってくるわけです。

さて、エリツィン大統領とその側近たちは、チェチェンについてこのような話をしたそうです。

「今、大統領の評判は非常に下がっています。世論調査の支持率も二〇％になり、これは危ないです。次の政権で選挙したら共産党が当選するかもしれません。そうしたら我々は全員縛り首です」

「確かに相当やったからなあ。殺しもやっているし。こちらもきっと縛り首だろうな」

「縛り首だけは避けなければなりません」

「もちろんそうだが、それにはどうしたらいいか」

「今、国民は経済の困窮と腐敗に対して怒っています。ここでチェチェンのマフィアを根絶すれば、大統領の評判はうなぎ登りに上がります。それで次の再選も確実になります」

「しかし、やれるのか」

「リスクはあります。もし失敗したら、我々が勝手にやったということで責任は全部取ります。成功したら、これは全部大統領の御指示で行われたということになります。成果は大統領に、リスクは我々。それでいかがでしょうか」

「ああ、ありがとう。そこまでみんな俺のことを心配してくれるのか」

しかし、ステパーシンが仕掛けた暗殺は失敗してしまいました。この事件がエリツィンにばれてしまうと、彼はクビになってしまいます。それを防ぐために、全面戦争に持って行こうという流れが起きます。全面戦争になれば、暗殺は大した話ではなくなるからです。企てたのは、ステパーシンの飲み友だち二人。国防長官のパーヴェル・グラチョフと、内務大臣のヴィクトル・エーリン。この二人が中心となり、ウォッカを飲みながら早く戦争にしようと話し合って、エリツィンを説得しました。「大統領、蓄膿症《ちくのうしょう》の気があると言っておられましたね。入院して鼻の手術をしてもらうのがよいでしょう。大統領がおられない間のオペレーションはこちらがやっておきます。鼻の通りがすっかり良くなり病院から出てきたときには、人気がぐんぐん上がっています。これでどうでしょうか」と。


「いい情報だね」で終わってしまった特ダネ

私はブルブリスに確かめました。

「そんな愚かな話の場に誰が他にいたのですか」

「コズイレフ外相がいた」

「コズイレフはそれをＯＫしたのですか？」

「コズイレフはそこでうまく立ち回った。グラチョフ国防長官が言うように一週間から一〇日でこのオペレーションが終わるならば、国際社会は黙っているでしょう、と奴は答えた」

「終わるはず、ないじゃないですか」

「そうだ。だからおまえへ宿題だ」

「え？」

「日本政府にこの話を報告しろ。そしてアメリカや友好国全部に流してもらい、とにかくやめさせろ。大戦争になる、民主化に逆行する大変なことが起きると伝えてほしい」

私はちゃんと電報で報告しましたが、「うん、いい情報だね」という返事が来て、それで終わりです。数ヵ月ほどして、チェチェンとロシアの全面戦争になったころに、「かなり早くから情勢を見ていたね」と褒められました。しかし、この世界的な特ダネが外交では使われなかったのです。

その後は泥沼です。大義名分のない戦争ですから、誰も戦場に行きたがらない。ロシアには徴兵制があるから、金持ちは子どもを外国に留学させます。お医者さんに知り合いがある人は、精神疾患の診断書を書いてもらいます。突発的に感情を抑えられなくなって銃をぶっ放すような症状を。精神疾患があれば、軍隊に行かなくて済むからです。みな、あの手この手をつかって逃げ、正直に戦地に行くのは貧乏人の子どもたち。彼らだけがどんどん死んでいきました。

特にひどかったのは、一月一日のグラチョフ国防長官の誕生日です。誕生日にはいいことがなければいけないと、飲み進むうちに、この日までにグロズヌイを落とそうということになっていきました。それなら俺も手伝おうとエーリン内務大臣、連邦防諜庁、それに秘密警察が自分たちの部隊と軍隊に「グロズヌイを落とせ。総攻撃だ」と年末に命令を出したのです。

ところが三つの部隊の間の調整をしていなかったので、同士討ちになってしまいました。現地には外国のテレビ局が入っていたので、同士討ちの様子が全部放映されてしまいます。ロシア全土でこれはひどいという話になり、エリツィン大統領も知るところになって、収拾がつかなくなってしまいました。

その結果、何をしたかというと、一九九六年の八月にハッサヴユルト協定を結ぶに至ります。ロシアはチェチェンの独立を事実上認めることになったのです。

このチェチェン戦争と敗北を通じて、エリツィンの支持率はどうなったか。大統領再選の年の一月の支持率が公の世論調査で軒並み六%から八%でした。私が大統領府の副長官に

「六%から八%で大丈夫なのか」と尋ねると、彼はにたにた笑って言いました。

「おまえは世論調査の結果なんかを信じるのか。あれには操作が加わっているんだ。大統領府で見た純粋な世論調査の結果は、二%だった」

「支持率二%で再選は大丈夫なんですか」

「いや、これは逆に再選できると思う。なぜなら、これだけ支持率が低ければ、ジュガーノフ共産党議長が当選する可能性は相当高まったと思われるだろう。だがもしジュガーノフが当選したら、今はエリツィンから離れている金融資本家もマフィア関係者も民主活動家も、皆殺しにされる。共産党に政権が移ったら命を取られる心配があるから、これは手弁当でみんな助けてくれるだろうさ」

この大統領府の分析は、正しかった。共産党が戻ってきたら殺されるというので、それまで喧嘩していた人たちが和解して、エリツィン大統領を再選させるため、それはすごい選挙運動になりました。共産党への恐れは非常に強かった。そしてエリツィンは再選を果たすことができました。


チェチェン連邦維持派は、ロシアと殺し合いをした連中だ

さて、チェチェンに何が起きたか。ヨルダンやカタールから来たチェチェン人がお墓を壊し始めました。「おまえら、なんで墓なんか拝んでいる。先祖の墓なんか大事じゃない。アッラー（神）に従うことだけが必要なのだ」と。そしてさらに「せっかくイスラムの地がここにできたのだから、それを拡大して全世界にイスラムの世界を広げる。民族独立などたいした重要な価値はない。我々はみなアッラーの意志に従ってやっていかなければならない」

同じチェチェン人ですが、彼らはハンバリー派。モスクワに対しては一緒に闘いましたが、今度はチェチェン土着の民族派と中東から来たハンバリー派のチェチェン人が内戦を始めてしまったのです。

中東から来たチェチェン人たちはアル＝カーイダの支援を受けているので、ものすごく強い。武器もいい。どんどん民族派のチェチェン人は殺されていきました。この時期にプーチンが首相に就任しました。プーチンは、今まで殺し合ってきた民族派の代表と会います。そして「どうだ、情勢は」と問う。民族派の代表は「皆殺しにされてしまいます」と告げます。「そうだろう。外来のイスラムは悪いイスラムだと俺が前から言っていたではないか」。ここでプーチンはカードを切ります。「ここでもう一回手を打ち直して、あの連中を一緒に追い出さないか。そちらがロシア連邦の中に留《とど》まっていると一言言えば、チェチェンにはがんがんカネを流そう。チェチェンのことは自分たちで全部やればいい。ロシア人の役人は一人も送らないから」

このように手を打ちました。

今のチェチェンの首長のラムザン・カディロフの父、アフマド・カディロフは独立派大統領のドゥダーエフの側近中の側近でした。このアフマドが、まずプーチンと手打ちをしました。そうしたらアル＝カーイダ系によって、サッカー場で暗殺されてしまいました。息子が後を継いでいます。

チェチェンのロシア派、連邦維持派は、かつてロシアと殺し合いをしていた人たちなのです。それと手打ちをしたのはプーチンのインテリジェンス能力です。チェチェン人とロシア人での分節化ではなく、ワッハーブ派とシャーフィイー派の間を分節化しました。その線の引き直しをすることで、チェチェン情勢を収めることに成功したわけです。

シリアの話に戻しますと、シリアにもワッハーブ派のチェチェン人が住んでいます。シリアの情勢が混乱すると、イランやイラクなどあちこちから、ワッハーブ派が入り込んでいきます。シリアはイスラム革命輸出の拠点になる。ワッハーブ派の連中が、シリアからトルクメニスタンを通って、あるいはウズベキスタン、カザフスタン、アゼルバイジャンを通って、どんどんチェチェンやダゲスタンに入ってくる。そして再びイスラムの国をつくるという運動を起こす危険性が増大してくる。それを阻止するためには、何としてもシリアに安定してほしい。これこそ、ロシアがシリア情勢の安定を望んでいる真意です。

インテリジェンスブリーフ

最初は情報とは何かという入門的な話をしようと思っていましたが、組み立てを変えて、直近の情勢についてお話ししました。いわゆる背景事情の説明ですが、これがインテリジェンスブリーフというべきものです。「シリア情勢について教えてください」と情報機関の分析官に尋ねると、以上の説明になります。

アラウィー派やチェチェンの血の報復の掟、あるいはスンニ四法学派の関係についてなど、ベーシックな知識がないとシリア情勢は理解できません。専門家はベーシックな話は全部飛ばしてしまいますから、何も知らないと「シリアは難しいんですよね」で終わりになってしまいます。

シリア情勢について話してくださいと頼まれた場合には、相手がアラウィー派についてどんなふうに考えているのか、あるいはスンニ四法学派をどの程度把握しているかなど、チェックを入れます。それについてまったく知らない人には、「シリア情勢って難しいんですよね」で終わりにしてしまいます。いくら説明してもわかりませんから。

今日は、一時間四〇分ほどかけ、ベーシックな部分を丁寧に説明してみました。これでも序盤ですが、中身はもう忘れないでしょう。そうするとこの話を聴く前と聴いた後では、シリア情勢に関するニュースの見方が変わってくるのです。こうした変化を生じさせるのがインテリジェンスの力です。

ちなみにわが日本はどういう立場を取っているか。二〇一三年九月五日から六日のサンクトペテルブルクで行なわれたG20サミットで日本は、相当胆力のある外交を展開しました。アメリカの同盟国としては、ここまで自主性を発揮していいのかというぎりぎりのところで、相当に際どいことをやっています。日本が何をしでかすかわからないという危険性を感じたので、オバマさんはまず安倍《あべ》さんと会いたいと言いました。スノーデン事件のために米露関係が悪くなって、アメリカはプーチンとの会合を蹴《け》っ飛ばしてしまいましたから。

国際的に見て、ロシアは二〇一三年六月に採択された同性愛宣伝規制法を外国人にも適用するとしたので、大変な顰蹙《ひんしゅく》を買うことになりました。ソチオリンピックは大丈夫かという議論にもなりました。この同性婚に関して、安倍さんや、以前モスクワに行った下村博文《しもむらはくぶん》文科大臣はどのような印象を持っているのでしょう。ちょっと受け付けない、という忌避反応を持っているのではないでしょうか。そうすると、ロシア人からすると日本人は欧米の人権意識とは異なり、我々と共通するものがあると親しみを感じるわけです。G8の中ではロシアと日本だけが共通の認識を持てるのではないかと、好印象を与えることになりました。

加えて、今はプーチンとあまり関わりたくないとみなが逃げている中、日本だけはプーチンとぜひ会談したいと言いました。だからアメリカは驚きました。日本は何を考えているのかわからない、と。シリアに対するアメリカの攻撃に対しても、「うん、サリンはいけないですね。シリア情勢は本当に憂慮しています」と言を左右にして、アメリカの空爆を支持するという言質を与えませんでした。その理由は、オリンピック開催決定が迫っていたからです。アラブ諸国やイスラム諸国の反感を買って、オリンピック開催地に選ばれる可能性が低くなることを懸念したからです。

アメリカからすると、世界戦争が起きるかどうかの話とスポーツの話を天秤《てんびん》にかけるなど、理解の範疇《はんちゅう》を超えています。しかし、日本からすれば、すでにゼネコンがここまでお金を使っている。アベノミクスは気分で起きているわけですから、オリンピック誘致が失敗して気分が萎《な》えてしまったら、そのままアベノミクスも萎えるかもしれない。世界の関心がまた福島第一原発に集まる可能性も大きい。安倍さんにとってはオリンピックがすべてを突破する生命線になっていました。世界から見ると、それはとても不思議な動きに見えるのです。

インテリジェンスは運も実力の内

この安倍・プーチン会談は大成功を収めました。ロシアは好意的な誤解をしています。あなたのイニシアティブで二〇一三年一一月の初めに外務大臣と国防大臣が訪日することをうれしく思っていますと。外務・防衛担当相間のツープラスツー会合です。あなたのイニシアティブというのは、邪魔をしている人がいることを意味しています。邪魔をしている人がいるのに、安倍さんがイニシアティブを発揮してロシアとの関係を強化したいと考えたおかげで、今回の訪日が可能になった。安倍さんがロシアのために一生懸命やってくれたと誤解しているわけです。

この誤解は今後どうなっていくか。シリア問題に関して、日本はアメリカの立場を明確に支持しませんでした。ロシアはオリンピック開催地の票を東京に入れると思います。問題は日本の独自外交が戦略的に行われたのではなく、オリンピック開催で頭がいっぱいになっている総理と、とにかく日露関係の日程だけを取り付けないと大変なことになると、慌てて日程を九月五日に取り付けた外務省。その合成の誤謬《ごびゅう》が起こした結果であったということです。ちなみに外務省はスノーデン事件のことはまったく考えていませんでした。

氷山の下には大きな氷があるはずですが、今は割り箸《ばし》で氷の先だけを指して、水の上に浮かべて、このような氷山があるんだぞ、と見せているような状態です。これがわがインテリジェンスの実態ですが、国家は国家相応のインテリジェンスを持っています。日本もGDP世界三位ですから、いろいろなことをしでかしても好意的な誤解が重なると、GDP世界三位に値する国家戦略を持って動いていると見られて不思議はないでしょう。

次回からは教科書的なこともやりましょう。我々は国家のインテリジェンスに携わるわけではありません。インテリジェンスオフィサーになったり、お巡りさんになったり、スパイを追いかける仕事をするわけでもありません。講義を聴く前と後では少し風景が違って見える、少しでも得をすることがあればいい、という思いで話しています。この姿勢で講義を進めたいと思っています。

（二〇一三年九月七日）

第二講　スパイとは何か

話を書き取ることで覚える

今回の講義では、マルクス経済学者の宇野弘蔵《うのこうぞう》の経済理論、特に経済哲学を理解していないと消化が難しいところがあります。わからないところがありましたら、『帝国の時代をどう生きるか』という拙著で宇野弘蔵の読み解きをしましたので、参照していただければ消化の補強ができると思います。

今回は、宇野学派の鎌倉孝夫《かまくらたかお》さんの『国家論のプロブレマティク』を参照しています。この本は社会評論社から一九九一年に出ましたが、現在絶版。そもそもの定価が六五〇〇円で、絶版になって久しく、アマゾンの古本コーナーに出るときも二万円以下になることはありません。今朝ここに来る前にアマゾンを確かめてみたところ、出品されていませんでした。「日本の古本屋」には四冊あり、一番安いものが二九〇〇円で、一番高いのは四五〇〇円でした。この本は、どこかで見かけたら、私の皮膚感覚では七〇〇〇円以下なら古本でも買ったほうがいいぐらい、良い本です。

今時珍しい二段組です。四〇〇字詰原稿用紙換算で、約一五〇〇枚。しかもかっちりした論文というより、引用箇所の多い、研究ノートのかたちになっています。我々勉強する人間にとっては、とても便利です。この人独自の考えがどこにあるのか、どこまでが誰のどういうものを引用しているのかが、よくわかるからです。

たとえば西ドイツのヨアヒム・ヒルシュや、ギリシャの国家論学者にして、フランスにおいて活躍したアルチュセール学派の最初の影響を受けたニコス・プーランツァスなどの思想がまとまっています。プーランツァスは、国際的には非常に有名な政治学者ですが、日本では一部翻訳が出ているくらいで、それ以外は大学の紀要論文での紹介になってしまいます。紀要をたくさん集めて調べなければならないことが、この本には詰まっています。

パワーポイントは用意していません。話を書き取っていただくことによって、覚えてもらえるからです。

『国家論のプロブレマティク』の版元は社会評論社です。社会評論社は一時期「経済学批判」という雑誌を出していました。この「経済学批判」は宇野学派の立場を中心に、経済学から法学、国家論、国際関係論まで広げ、いろいろな議論を展開しています。一四冊で完結している、なかなか良いシリーズです。

インテリジェンス概念は変遷しつつある

今回はかなり刺激的な題で、「スパイとは何か」です。柱は大きく分けて五本になります。そのうち難しいのは四本目の話で、時間的にも四本目のところにウェイトを置きます。

一番目に、スパイに関する簡単な定義をしなければいけません。実はスパイについて説明するということは、直《ただ》ちにインテリジェンスについて説明をしないといけないことになるのです。いろいろな本でも書いていますし、講義でも話していますが、インテリジェンス概念が変遷しつつあり、もう一回整理しないといけないところに来ていると思っています。

外国のインテリジェンスものの本が、前回取り上げたローエンタールの『インテリジェンス』をはじめ、たくさん紹介されています。しかし、インテリジェンスのわからない人が未消化のままで翻訳しているものが、意外と多い。感覚のズレている人が、英語の著書を大してうまくもない日本語に訳しているため、日本人の書いている入門書の多くは、読めば読むほど混乱してしまう内容になっているのが実状です。

昨今のインテリジェンスに関する定義は、ほとんど技法の側面からなされています。それに対して私がいろいろな本で書いているのは、機能面からの定義です。旧陸軍中野学校、より正確に言うと陸軍参謀本部における秘密戦の考え方です。こちらの定義を発展させていったほうがいい。その問題を二番目に少し議論しまして、三番目に国家の機能としてのインテリジェンスについて話をしたいと思います。

インテリジェンスをビジネスに応用しようとしたり、産業スパイが出てきたりしていますが、これは型の違うものです。インテリジェンスというのは、あくまでも国家の機能です。その基本形を押えておかないといけません。

ただし、最近はこのインテリジェンス概念に揺らぎが生じています。一つは二〇〇一年の九・一一。九・一一以降、アル＝カーイダ型の国境を越える国際テロ組織が生まれています。これらの組織は明らかにインテリジェンス能力を持っています。そうすると、国家の機能としてのインテリジェンスと言うことはできなくなる。多国籍企業にも同様の問題があります。

かつて、イギリスにおいてカトリック教徒は審査律というのがあり、公務員にはなれませんでした。第二次世界大戦前までは、カトリック教徒がインテリジェンス組織の幹部に就任することはできなかったのです。どうしてかというと、カトリック教会はバチカンという国家をすでに有しており、バチカンとイギリスに対する二重忠誠の問題が出てくるからです。

現代でも、アメリカにおいて時々イスラエルによる大きなスパイ事件が起きています。たとえば一九八五年に起きたポラード事件。アメリカの画像情報を、ポラードという海軍の分析官がイスラエルに流していたことが発覚しました。FBIに捕まりそうになった直前に、ワシントンのイスラエル大使館に奥さんと猫一匹を連れて駆け込もうとしましたが、逮捕されました。司法取引をして、ポラード自身は終身刑に、その代わり奥さんは減刑、猫は不問にするということで話をつけました。イスラエル・アメリカ間で首脳会談を行う度、ポラードの問題が話題に出てきました。イスラエル側は、ポラードは別にアメリカの安全保障を害したわけではないからすぐに釈放しろと要求した。アメリカにとって最重要同盟国であるイスラエルとの間で起きた深刻なスパイ事件は、喉《のど》に刺さった棘《とげ》だったのです。二〇一五年一一月二〇日、ポラードは仮釈放されました。アメリカがイスラエルに譲歩したのです。

それからもう一つ、国家としてのインテリジェンスに揺らぎが出ているのは、サイバーテロの問題です。サイバーテロは国家の枠として捉《とら》えることができない面があるので、インテリジェンス概念に揺らぎが出てしまうのです。それが理論面でたいへんな混乱になっている。

国家機能が各国で強まっている

そうなりますと、もう一歩掘り下げた国家論的な整理の必要性が出てきます。ところでなぜ、先に講義の概略をざっと話すのかというと、漆塗り方式を意識しているからです。漆というのはまずざっと塗って、また塗って、もう一回塗ってというやり方をします。その方式で、同じ話を複数回することで深く理解していただきたいのです。最初は粗く話をします。

さて、評論家の柄谷行人《からたにこうじん》さんは『世界史の構造』や『トランスクリティーク』、『世界共和国へ』において、さらに言えばモースは『贈与論』などで、社会人類学的な系譜からのアプローチによる国家の見方をとりました。

要するに共同体A、共同体Bがあって、AがBを侵略してしまう。そのかたちが国家の源泉だ。それに対してAとBの間で平和的な交易が行われるのが市場である。この二分法からスタートしていきます。国家というのはその両方を合わせたかたちでできている。となると、自由な交換の下に生かしつつ殺していく、殺すために生かすという、ミシェル・フーコーが言うような生権力が入ってくる。

ただ、そうなると理論的な混乱が起きてきます。グローバリゼーションが非常に進んでいく。たとえばアジア太平洋地域だったらＴＰＰ（環太平洋経済連携協定）が進んでいくと、商品交換の理論が進んで国家の要素は薄まっていくはず。それにもかかわらずＮＳＣ（国家安全保障会議）ができて、日本は独自の情報機関をつくろうとしている。アメリカにおいてもオバマ政権になってから、スパイの摘発が非常に増えています。ジャーナリストまで摘発している。今までになかったことが起きているのは、各国において国家機能が強まっていることを意味しています。

この問題をどのように理解するか。そのためには、内在的なかたちでの国家論も見ていかなければいけません。国家自身に内在するものを資本主義システムの中から読み解いていく作業をしなければならないのです。

たとえば『資本論』の論理だと、恐慌が定期的に起きます。恐慌が起きると失業者が出ます。失業者はどうやって食っていけばよいのか？　原理的に失業者が食っていく場所はないのではないか？　そうすると、失業者は飢えて死ぬ――。ここから国家が出てきます。

裏返して言いましょう。資本主義では、不況の度に労働者が死滅していく。ならば資本主義は自立したシステムではない、ということになる。国家というものが別枠で存在しないと、資本主義は成立し得ない、ということになります。「死ぬまで働け」とか、「自分の会社だけ儲《もう》かればいいんだ」。そういったごりごりの個別の資本、個別の企業が競争をすると、労働条件等が守られず、結局、資本主義システムは維持できなくなる。

こう捉えますと、「だから国家が介入しないといけないのだ」という考え方が生じます。一見まともなように見えますし、マルクス主義系でも、このような議論をする人は多い。繰り返します。資本主義は自立していない、資本をそのまま放置しておくと資本主義は自立しないで滅びてしまうから、外側から国家を持ってこないといけない、という議論です。

それに対して、鎌倉さんは別の議論を立てています。資本主義は自立している、自立しているがゆえに国家が出てくる、という説明です。そのカラクリについては後で踏み込んで話をしようと思います。

今まで、どちらかというと抽象的学理的反省の立場からの議論が多いですから、最後に思いっきり現実にぐっと引き寄せてみましょう。中国が東洋学園大学の朱建栄《しゅけんえい》教授を捕まえているという事件についてです。この事件は、これからの日中関係に大きな影響を与える問題になっていくでしょう。その話で時間が終わるかと思います（朱さんは二〇一四年一月に解放されたが、国家の機能としてのインテリジェンスの例として重要なため、講義時のママとした）。

国によってだいぶ異なるウィキペディア

それでは頭に戻ります。スパイの定義です。いい定義がないため、自分でつくりました。

「スパイとはインテリジェンス活動の内、非合法な分野の活動もしくはその非合法活動に従事する人を指す」

これが私の暫定的な定義です。スパイは、違法行為そのものなのです。

ちなみにインテリジェンス関係のものを調べるときにいいのはウィキペディアです。ただし日本語版ではありません。ロシア語版のウィキペディアです。ロシア語版のウィキペディアを見ると、インテリジェンスとスパイ活動の間の区別は「本来はない」となっています。なぜなら、スパイとはフランス語のエスピオン（のぞき鏡）から来ている言葉である、語彙《ごい》としては中立的なのだが、諸外国に入っていく時点において、ネガティブなニュアンスを持つようになってきたとあります。ロシアの辞典でのスパイに関する議論の変遷や、スパイに関しては軍法会議を開くことなしにその場で死刑にすることができるというブリュッセル協定が一八七四年に認められているなど、スパイに関する歴史をまとめています。

ウィキペディアの精度は国によって違います。その国の文化が反映されているからです。私は日本語版のウィキペディアは、どういうわけか私の出生地が埼玉県になっていました。私は東京都で生まれているのですが。一回直したところ、埼玉県にしたい人がいるらしく、その後も長く埼玉県生まれになっていました。私の関知してないところ、事実と異なるところが他にも二、三ヵ所ある。自分に関してこうなのですから、他も推して知るべし、となります。日本語版はほとんど参照しません。ただしウィキペディアに寄付は入れています。それは外国語のウィキペディアを参照することが多いからです。

英語のウィキペディアで使えるのは、難しいテーマを高校一年生ぐらいのレベルの英語で、わかりやすく書いているものです。これは英語ネイティブの人が書いているのでしょう。「ああ、こういう表現をするんだ」という発見があり、その点は勉強になります。

仕事で引くことが多いのは、まずドイツ語のウィキペディアです。ドイツ語のウィキペディアは哲学や思想、国際関係に関する事項ではすべて出典を重視するとともに、標準的な見解になっています。百科事典との距離が近いと言えるでしょう。もう少し細かい、中央ヨーロッパに関するものでは、同じ事象でもドイツの内容とチェコのウィキペディアの内容で異なります。お互いの視座が違うからです。ベースはドイツ語で探索し、微妙なテーマになってきたらチェコ語のウィキペディアと比べています。チェコ語のウィキペディアは採用しているテーマの数が非常に少ない。人口が一〇〇〇万ぐらいの国ですし、チェコ語を解する人間も世界で二〇〇〇万ぐらいしかいないと思われます。母体は非常に小さいのですが、なんとか自分たちの知的空間を維持することはできています。

ウィキのレベルが高い国は、義務教育の教科書レベルが高い

ロシア語のウィキペディアは、基本的にはドイツ語のウィキペディアに近い。どういうことかというと、ドイツでもチェコでもロシアでも、知識人と大衆が分かれているからです。ウィキペディアの学術的な内容や政治に関して、一定の水準未満の人間が書き込むことは、文化としてやらない。だから2ちゃんねるのようになりません。仮に問題に疎い人が割り込んで書いたとしても、すぐに討論が起き、除去されてしまいます。ロシア語のウィキペディアは一定の水準以上のものが維持されているため、役に立つのです。

ただし問題はあります。たとえばプーチンと噂になったカバエワ（アリーナ・カバエワ）について日本語版で引くと、カバエワに子どもが生まれた、今シングルマザーであるが、その父親はプーチンとする噂があると出ています。ロシア語版には、ありません。書くこと自体は自由ですが、書いた人は責任を取らないといけないことを、ロシア人はよくわかってい

るわけです。何を書いていいか、書いていけないかの線引きは、その国の文化が決めていると言えます。

考えてみてください。ネットの掲示板に書き込んでも大丈夫だと思うのは、大きな間違いです。つながっているのですから、追跡していくことも可能です。ロシアなら、痕跡《こんせき》を消すようなソフトを使っても、それを辿《たど》っていきます。同時に関係者のところで聞き込みを行い、それほど時間をかけないで誰が書き込んだかを確定するでしょう。匿名で書いても、それは記名と同じである、という意識が働いている。その文化の集積がロシアのウィキペディアのレベルを高めているわけです。

ウィキペディアのレベルが高い国は、義務教育の教科書のレベルも高いと言えます。ドイツもロシアもチェコも、義務教育の教科書のレベルは高い。二〇一一年、明石書店から「世界の歴史教科書シリーズ」が翻訳出版され、ロシア史の教科書も訳されました。中学生の教科書ですが、一四一二頁（上が六八八頁、下が七二四頁）。明らかに日本の大学教養課程の世界史の教科書水準を超えています。これがロシアの中学校の教科書です。しかも進学校の教科書ではなく、極普通の学校で使っている。ロシアはこの教科書の内容を丸暗記させます。

歴史だけではなく、数学でも同様です。日本の場合は化学や生物などにエネルギーを散らしていますが、ロシアの義務教育は、数学と物理の入口では圧倒的に数学にウェイトをおいています。国語、英語にも力を入れる。日本の古文・漢文にあたるような古語は、義務教育ではやりません。大学以上の高等教育で学ぶものとしています。日本と比べると、非常に幅の狭い科目ですが、その分、相当広く深く教えています。ロシアでは、日本の大学の教養課程から専門課程ぐらいまで入ったレベルが、義務教育レベルになっているということです。それが、今のロシアのＩＴ産業を支える一つの力になっています。中国の歴史教科書や数学の教科書と比べると、レベルが違います。

ＮＨＫと民放はまったく別の世界である

インテリジェンスに関する定義を見ていきましょう。まず機能面で、ヒュミント(HUMINT; Human Intelligence)。これは人によるインテリジェンス。誰かに会って話を聞いてくる。秘密の話を教えてもらったり、学者のような専門家から背景事情を聞いて分析したりするときに使います。

次にシギント(SIGINT; Signal Intelligence)、スノーデン問題が出てきたように、これはシグナル、すなわち電磁波や通信を取ることで、隠している情報を知るというやり方です。

それからオシント(OSINT; Open source Intelligence)、これは公開情報諜報《ちょうほう》といって、公開・公刊されている様々な媒体から情報を取ります。諜報技術のうち、非軍事部門においては九八%ぐらいを占めていると思われます。軍事部門においては、軍事的なものは公開されない要素がたいへん強いですから、オシントで取れるものは限られてきます。ただそれでも、八割ぐらいはオシントで大枠を取ることは可能です。

ただし、オシントは玉石混交の世界です。新聞、雑誌・週刊誌、あるいは夕刊紙やスポーツ新聞など、大量の情報の中で、これが本当だという仕分けができないといけません。仕分けのできる人は、秘密情報を扱った経験のある人か、秘密情報に関して継続的に調査を続けてきた人になります。

まず情報関係をやっていた高級官僚。これまでの経験に即して、新聞などに書かれている中で何が本当のことか、判断できる人たちです。

次に閣僚以上の立場に立った経験のある政治家。政治家というのは閣僚になった途端、見える世界が変わってきます。全体図を見渡せるようになる。大臣経験者の政治家が持っている勘や、情報を仕分ける能力は、他の分野に関しても適用可能です。それほど大きく間違えることはありません。

三番目は新聞記者。新聞の中には通信社も含みます。テレビに関してはNHKだけです。NHKと民放はまったく別の世界と考えたほうがいい。民放の関係者がいたら申し訳ないのですが、ピンポイントで独自に深く情報を取ることは民放でもできるでしょう。しかし、全体像を細かく見て、自分でニュースを追いかけるという作業を日常的に行っていません。民放のニュースは、基本的に共同通信と時事通信を見て追っかけ取材をするか、酷《ひど》いときには〝てにをは〟だけを換えて読む方法になってしまっています。本来は共同通信や時事通信は文句を言ってもいいところです。日常的にニュースを追いかけ、何が秘密で、何が秘密ではないかを仕分ける訓練をきちんと積んでいかなければ、インテリジェンス能力は決して研ぎ澄まされません。

だから民放から池上彰《いけがみあきら》さんのような人材が出てこない。池上さんは「こどもニュース」というたいへん特殊な番組に出演していました。NHKは政治部に特色があって、民放の政治部とはまったく違います、特定の政治家に特定の記者をつけるのがNHK。浮くも沈むも一緒という形にしています。NHKの政治記者は、我々の業界においては、非常に頼りになると同時に、非常に警戒しなければならない相手です。NHKの番記者にしゃべれば、政治家に抜けることは一〇〇%確実だからです。NHKの記者が政治家のためにレポートを書くのは日常のことです。演説の草稿だって書いています。

たとえば経世会《けいせいかい》、橋本《はしもと》派が失脚して小泉《こいずみ》さんが首相になるときに、経世会関係の人たちは全員地方に飛ばされました。そして今まで地方にいた清和会《せいわかい》（元福田《ふくだ》派、小泉派）の人たちが、全員東京に戻ってきた。一見、派閥によってNHKの人事はガタガタになってしまうように見えますが、そうではなく、新陳代謝が行われているのです。政争でもない限り、優秀な政治部記者、編集能力のある人材、情報の取れる人間が地方に行くことなどあり得ません。政争に敗れると地方に下り、流れが変わると中央に戻ってくる。どこまで計算しているかは別として、組織の新陳代謝を行い、力を上げるノウハウをもっているわけです。

評価基準も、NHKと民放では違います。NHKはどこで賞を取るか、業界でどう評価されたかが、記者・プロデューサー・ディレクターの競争原理になっています。対して民放の場合はとても簡単。視聴率何%で、それが広告料としてどれぐらいにつながるのかにつきます。民放の基準は、基本的に電通や博報堂に近い。ポストモダンの時代でジル・ドゥルーズやジャック・デリダを電通や博報堂の人たちがよく読んでいたころには、ちょっとした差異をつくり出すことによって価値をつくり、カネにつなげる手法は広告代理店の仕事と親和的でした。そういう時代は民放が強い。しかし、右肩下がりの時代になると、NHKが強くなります。

『007』の世界は、極一部

技法面ではウェビント（WEBINT; Web Intelligence）。これはウェブを使ったインテリジェンスで、あとから話すサイバーとも関係します。

それからヴィジント（VISINT; Visual Intelligence）。これは画像で見るインテリジェンス。航空写真や衛星です。しかし衛星は電磁波のシグナルを出してそれを受けているので、SIGINT でもあるわけです。そうすると技法面から見ると、お互いに重複しています。主として分けると、HUMINT と OSINT と、それ以外ということになる。ただ OSINT でもウェブの要素がだいぶ加わってきていますので、OSINT の比重はますます高まっています。

そしてコリント（COLLINT; Collective Intelligence）、協力諜報です。実態としてはありますが、この言葉は最近使われなくなってきました。協力諜報とは何か。たとえばアメリカのＣＩＡとロシアのＳＶＲ、対外情報庁がアル＝カーイダの問題に関して協力する。各国のインテリジェンス機関が協力しながら共通の課題を追求していくという形です。この言葉が使われなくなっているのは、東西冷戦終結後、インテリジェンス機関が横に連携していく機運が薄れているからです。特に米露の関係が薄れています。また、中国のようにゲームのルールを受け入れないでインテリジェンス活動をしている国が、大きなウェイトを占めてきたことも影響しています。従来あったリエゾン、連絡係の人たちを中心として行う協力諜報はやりにくくなっています。

海外に派遣されるスパイというと、『００７』のように民間人を偽装し、外国にいるイメージが圧倒的です。しかし、それはもう極一部。今は外交官カバー、つまり外交官が偽装しています。各国の外務省と話をつけて何人かの枠をもらいます。トップは参事官で、通常、公使以上はスパイにしません。インテリジェンスオフィサーは国家間でスパイ事件が起きた場合に追放されますから、公使以上の幹部あるいは大使ですと、外交関係に影響が生じるからです。参事官ですと、ダメージは比較的少なくて済みます。一等書記官・二等書記官あるいは三等書記官だと、ダメージはほとんど発生しません。そのため、ステーションチーフ、機関長、実際は大使と同格か大使より上ですが、彼らは参事官カバーで派遣されます。現場で動き回る連中は、だいたい書記官クラスのカバーをかけています。

この外交官カバーをかけているインテリジェンスの専門家たちには、一つの約束があります。接受国、たとえば日本に受け入れられているのならば、日本の法令を破ることはしてはいけない、日本の利益に敵対する活動も行わないことです。裏返して言うと、日本の法令を守る範囲では、韓国や中国に敵対する活動はするかもしれない。韓国人のスパイや協力者を取り込む、朝鮮人の協力者を取り込む、ということはするかもしれません。しかし、日本に敵対する行為はしないということです。

リエゾンは絶対に嘘をつかないという「鉄則」

ロシアは韓国ともこうしたインテリジェンス協力をとっています。韓国にマイナスになる行動はしない、という約束はしている。しかし、日本にとってマイナスになる情報活動をしている可能性は大いにあります。恐らくやっているでしょう。これが Collective Intelligence という協力諜報のやり方です。リエゾンは絶対に嘘をつかないのが鉄則です。裏の世界で嘘をつくと、嘘がないところで取引をどうするのか、ということになります。メタレベルでリエゾンをさらにつくらないといけなくなってしまうのです。これは非常に面倒くさい。

たとえば、ロシア人の通信社の記者がいるとします。タス通信でもイタルタス通信でもいい。その若い記者は、あまり記事を書かない。もちろん記事を書かないといっても、報告書は本社に送っています。たとえば、タスでは内部資料は赤い紙に印刷されているため赤タスと言いますが、赤タスの形で回っていることも多いから、仕事をしていないわけではない。実は、そうした人間がインテリジェンス機関からジャーナリストカバーをかけて活動しているケースがあります。

インテリジェンスオフィサーなのかどうかわからないジャーナリストが、日本の外務省のロシア担当局にいる女性と親しくなって、ホテルでデートを重ねているとしましょう。現時点では、情報の受け渡しがあるということはない。しかし、寝物語で何か秘密を探っているのかもしれません。あるいは、違法性はなくとも、情報機関にとっては役に立つ情報があります。役所の中での人間関係で誰と誰は仲が悪い、誰のところは奥さんとうまくいってない、なんとかという儀典長の娘は有名な女子アナだ、といった類《たぐい》のものです。こうした話は秘密情報ではないのですが、オペレーションをかける際には役に立つわけです。

そうした情報が漏れているかもしれない場合、日本側のリエゾンを相手のリエゾンが訪ねてくる。というよりも、日本側のリエゾンがロシアのリエゾンを呼び出します。「挙動不審な人間がいる。おたくの若い人と、なにか変なことをしてるんじゃないの？」と切り出します。もし、そのジャーナリストが本当にスパイ活動をしているのなら、向こうは黙っています。それについては何のコメントもできないからです。そうすると、情報機関の人間で情報活動をしているんだな、と判断できる。スパイに関係がない場合は「あのバカ、女癖の悪さがこんなところでも出たのか。ちょっと締めときます」という話になり、大使館に記者を呼び出します。「おまえ、何をやっているんだ。素人のくせに玄人と勘違いされているから、気をつけろ」と絞り上げる。このようにして、偶発的な事故を防ぐのです。

実際にスパイ事件が起きたときは、何名を追放するのか。イギリスとロシアの間でよくやるケースですが、お互い頭に来ているため、今回は二〇人ずつ追放しようということになる。しかし、二〇人も追放されたら、お互い大使館の機能が麻痺《まひ》してしまいます。では、実際に追放するのは三人にしよう、となる。残りの一七人はどう決めるのか。かつて勤務していた職員のなかには、素行の悪さのせいで、その国のブラックリストに載っている人間がいます。交通警官に止められたときに暴言を吐いた、といった類のものです。その記録はずっと残っていまして、悪い順番に点数が付いています。そうした事後的なペルソナ・ノン・グラータ(Persona non grata)、いわゆる好ましくない人物をお互い選別して、両方とも二〇人ずつの大追放を行ったことにするのです。そうして大追放の発表を行い、今回の局面は終わりだ、と手を打つ。こうした手打ち係というべき存在が、Collective Intelligence です。

Collective Intelligence と書くと、ひと昔前は協力諜報と出てきましたが、今はコンピュータの集合知の話になっています。いろいろな知を合わせると、質的に異なったかたちの情報が集まってくる。人工知能のほうで Collective Intelligence は使われるようになっていますから、インテリジェンスの世界では、最近はあまり使われなくなってきました。

結論から言いますと、こういったことを細かく追いかけても得るものはありません。今の話は HUMINT と SIGINT と OSINT だけ覚えておけばよいでしょう。

インテリジェンスの目的は戦争に勝つことではなく、負けないこと

次は機能面。戦前の日本は大変な情報大国でした。情報大国のトップはイギリスでしたが、戦前の二番目は、私はソ連だったと思います。三番目が、実は日本。現在も、インテリジェ

ンス能力がいちばん高いのはイギリスです。その次はイスラエルでしょう。三番目はロシア。

なぜアメリカが入ってないのか。アメリカのＣＩＡは OSINT に関しても SIGINT に関しても、ものすごい能力を持っています。HUMINT に関しては、やる気満々の乱暴な〝あんちゃん〟がたくさんいます。ＣＩＡは人から情報を取ってきます。報告すると何点という点数制になっていますから、点数を上げるため、項目ごとに二つ電報を打つこともしています。日本の防衛省の防衛駐在官も同様です。一人ひとり点数を積み上げていく方式です。電報が点数制になっているため、みな、情報を取りに行きたがります。本当にヘタクソなメリット制です。

アメリカのインテリジェンスですが、アメリカは軍事力があまりにも強いため、たとえ情報が間違っていても、国がなくなることはあり得ません。インテリジェンスの目的は、戦争に負けないこと。戦争に勝つためではなく、とにかく負けないことです。アメリカはアフガニスタンでもイラクでも戦争には勝っていません。しかし、アフガニスタン・イラクに負かされたわけでもありません。朝鮮戦争にしても、北朝鮮との関係では、アメリカは勝利していません。しかし負けてもいません。戦争に負けないためにするのがインテリジェンスの目的ですが、アメリカは軍事力で圧倒していますから、情報が不正確でも負けない。そうすると、アメリカという国家にとってインテリジェンスは、死活的に重要な問題ではないことになります。コストの問題になる。正確な情報があったほうが犠牲者は少なくてすむ、正確な情報があったほうがカネがかからない、というコストの問題にすぎません。

『小説日米戦争』

それに対して戦前の日本や現在のイスラエル、北朝鮮などは情報の収集ができなくなったり、情報に対する評価を誤ってしまったりすれば、国家がなくなる危険性があります。国家がなくならなくとも、自分たちの統治体制が崩される危険性は十二分にある。この場合、必然的にインテリジェンス能力は向上することになります。

戦前日本のインテリジェンス能力が高かったことを示す例として、大正九年に出た『小説日米戦争未来記』という本があります。樋口麗陽《ひぐちれいよう》という、当時の大衆作家が書いたものです。これに私が分析を加え、『超訳　小説日米戦争』と題して復刊してもらいました。ストーリーは一言で言うと「西暦一九〇〇年代末期、日米戦争が勃発《ぼっぱつ》する。開戦間もなく日本の主力艦隊は米軍により全滅させられる」というものです。アメリカは、日系人が反乱を起こす可能性があると、この世の地獄といわれるモハーヴェ砂漠の収容所に日系人を入れてしまいます。そのくだりは、このような描写です。

〈さらにアメリカ政府内部では秘密会議で次のように議論していた。

「たとえ戦後、賠償金を支払うことになったとしても、一人あたり五万ドルとして、三十万人分で百五十億ドルだ。これは敗戦の損失に比べればゴミのような金額だ。非常時には非情な非常手段が必要だ。われわれアメリカ政府は、アメリカの領土と富と国民すべてを守るためには、必要な手段は全てとるべきであり、それが正義であるかどうかなどは考慮する必要はない。なにしろ、国家を防衛し、滅亡を防ぐことは、一切の法律、一切の道徳を超越した史上最高絶対の使命なのだから」

このように冷然と言い放ち、この発言に会議出席者は誰一人として異議を唱えなかった。これこそ、アメリカの正体が、所詮は黄金万能主義・資本全能主義にすぎないことを明らかに示している。悪事千里を走る。アメリカ政府秘密会議におけるこの放言はすぐに世界中を駆け巡り、反米熱はいよいよ高まった。

在米日本人虐殺計画の裏には、さらに戦慄すべき計画が潜んでいた。アメリカ陸軍は、三十万人の人間を無意味に殺すのはもったいない、丁度、秘密に発明された新兵器の威力を試す実験材料にしようと提案したのである。この新兵器こそ、電波を使って操作する空中魚雷である。日本人をカリフォルニア州のモハベ砂漠に集め、そこへ空中魚雷を打ち込んで一気に殺戮しようという身の毛のよだつような驚愕すべき残虐行為を計画したのである。

　モハベの荒野、通称モハベ砂漠というのはまさに地獄そのもの、アメリカ人はこの地名を聞いただけで震え上がるほどである。見渡す限り、山という山はことごとく噴火による死の灰で覆われ、泉という泉は鉱毒に汚染され、その周囲には野獣と人間の白骨が累々として横たわり、見るものすべてに死の影が宿っており、聞くものすべてに死の足音が潜んでいる。まさにこの世の地獄とはモハベ砂漠のことである。

　拘禁され、飢えと虐待に苦しむ三十万人余りの在米日本人は、今や、名前を聞いただけで失神しかねない恐ろしいこの魔境に、老若男女を問わず牛馬輸送用の貨車に豚のように押し込められて運ばれて、空中魚雷一発のもとに木っ端微塵に粉砕される運命となってしまった。〉（佐藤優『超訳　小説日米戦争』K&Kプレス、二〇一三年、三四～三六頁）

ちなみに、第二次世界大戦時にアメリカはこのモハーヴェ砂漠にマンザナー強制収容所をつくり、実際に日系人を移送しました。

さて、日米はどうして戦争に突入することになるのでしょうか。

〈第一次世界大戦によってドイツの侵略主義が連合国に敗れ、世界は国際連盟のもと軍縮を行うという新しい世界秩序が出現した。国際連盟加入国間の紛争は国連によって平和的に解決することになり、各国の自由勝手な武力行使は禁止された。そして日米両国も国際連盟に加盟した結果、長らく心配されていた日米衝突の危険性は完全に消え失せたかのように思われた。

実際、日米両国が、国際連盟の根本精神通り、どこまでも平和的であり紳士的であり文明的であり親善的であり、共存共立的であったならば、日米の衝突、日米開戦は永久に実現しなかったであろう。

しかしながら、第一次世界大戦当時、盛んに平和主義を唱え、自由平等の世界的デモクラシーを宣伝し、国際連盟の成立を叫んだ張本人のアメリカは、だんだんと非デモクラシー的となり、非平和的となり、非紳士的となり、非文明的となり、その挙句に、日本に対してある重大なる圧迫を加えるようになった。

その圧迫とは、資本による侵略であり、経済的に日本を飲み込もうという企みであり、排日主義である。

アメリカという国家の成立の歴史から見て、またその後の主張行動から見て、とくに国際連盟の主唱者であったという事実から見て、アメリカはどこまでも平和主義であり文明尊重主義であり、自由平等共存共立を目的とするデモクラシーの国であり、正義人道主義の国であると、日本人は素朴に信じていた。

　しかし識者の一部には懐疑的な者もいた。その人たちはこう言った。

「平和主義だのデモクラシーだの、そんなものはアメリカの本音ではない。アメリカは真正の正義人道主義を奉じるものではない。その言っていることと腹のドン底とは多大の相違があるどころか全然違っている。アメリカは敵を作り出さずにはいられない国で、デモクラシーの宣伝、正義・人道主義を看板として世界の国々をあざむき、その実、アメリカ一流の資本による侵略、経済的支配をもって世界を思うように操り、新興国・日本の鼻の先をへし折るか、抑えこんでアジア大陸の経済的利権を手に入れて、世界の資本的盟主、経済的専制君主となることを目的としているのだ。これはかつてのドイツ軍国主義以上に危険なものである」

　このように、アメリカを過信するな、平和主義・正義・人道主義などという仮面をかぶった無様なヒョットコ踊りをして見せるのに騙されるな、ずる賢いアメ公どもに騙されるなと、国民を戒めたものだった。〉（前掲書、一〇～一一二頁）

　結局、日本はアメリカと戦争をするためにはハワイを占領しなければいけない、と連合艦隊第一艦隊をハワイに向かわせます。そしてハワイ沖でアメリカ海軍と決戦になるのですが、空中魚雷（巡航ミサイル）をアメリカは開発しているため、第一艦隊は全滅してしまう。大本営では秘密会議が行われます。全滅した事実を国民に今発表すべきか、それとも第二艦隊を送って勝利してから発表すべきかと。正直に行くのが一番いいだろうと、国民を信頼して真実を発表しました。そうしましたら、国民は自暴自棄になって、パニック状態に陥ってしまいます。東京では不動産の投げ売りが起き、スパイがいるのではとスパイ狩りが横行。特に、朝鮮独立陰謀団が動くかもしれない、という疑心暗鬼で朝鮮人に対する排外主義が高まります。このように、収拾がつかなくなった状況が描かれます。

小説はさらに、中国の宣戦布告に発展します。中国が最後通牒《つうちょう》を突きつける。満州《まんしゅう》からの日本軍すべての撤退と、朝鮮の独立の即時承認を二四時間以内に回答しろと。それは酷い話だと回答しなかったため、中国は宣戦布告をして戦争が始まります。最終的には日本が勝つのですが、相当痛手を負ってしまいます。日清戦争の黄海《こうかい》の海戦と比べると、中国は圧倒的に強くなったことが描かれています。陸軍は、黒竜江《こくりゅうこう》軍というものすごく強い部隊によって満州で全滅させせられてしまいます。

日本はどうしたか。道義性として、人種差別には反対して人権を尊重する。同時に、国家というのは最終的に戦争をするため、国際連盟型ではなく同盟政策を取ろう、国際自由同盟で国家間の合従連衡によって勢力均衡をやるべきではないかと世界に訴えます。この考え方をメキシコ、ブラジル、ドイツ、そしてロシアが支持。ちなみに、ロシアはレーニンとトロツキーが死んだ後に、共産主義をやめて普通の帝国主義国になってしまうと書かれています。そして、地政学的に是々非々でいろいろな戦争に関与するのですが、日米戦争に関しては日本を支持します。最終的には、日米両国は無賠償・無併合で引き分けになり、二一世紀を迎えます。しかし、これは束の間の平和なのか、再びまた日米戦が起きるのか、それは誰にもわからないと。

小説は OSINT だけで作り上げられた

大正時代の日本では、反米熱がすごく高まっており、本屋にも反米本が並ぶようになりました。アメリカの実力を知らないで、反米的なことを煽《あお》る有識者や言論人が非常に多くなっていたのです。これは危ない、と樋口麗陽は思います。同時にアメリカが言っている国際連盟の理念は信用できないことも看破する。国際連盟は、アメリカ大統領ウィルソンが自ら提唱して創設したのにもかかわらず、最終的にアメリカは国際連盟に入るのを辞退しました。アメリカの辞退は、この時点では未来の話ですが、樋口の予測は的を射たものだったのです。

樋口麗陽は、日米戦は絶対にしてはいけないと思った。だから空想小説を書くわけです。日米戦争が始まったら大変なことになる、という警告です。とうてい勝つことはできない、国家滅亡の危機となる。それから、中国を軽く見るなとも指摘しています。また、ちょうど、この小説が書かれる前年の一九一九年には、朝鮮全土で三・一独立運動、いわゆる万歳事件が起こります。この本では、日本がうまく朝鮮を統合できていないことが描かれています。小説の後半には、奇怪な怪艇まで登場します。どこの船かわからないが、どうも潜水艦が出てきて、日本の商船を無警告で沈没させる。アメリカの潜水艦なのか中国の潜水艦なのかはわかりません。最終的には捕捉《ほそく》して撃沈しますが、そうすると、朝鮮独立陰謀団のものだと判明する。そこがアメリカから潜水艦を買い、武力で独立することを目指していたのです。我々朝鮮人は愚かな王様を持っていたから滅びた、共和国になれば自主性を持った強い国をつくれる、と彼らは考えている。このような洞察を樋口は行っています。

樋口麗陽がどういう人なのかは、まったくわかっていません。一九三二年に死んだことはわかっています。『誰にもわかるマルクス資本論』のような本も出しています。『小説日米戦争』を読む限り、当時における外電、すなわち同盟通信の通信文を読める立場にいた人であろうと推測されます。ということは、同盟通信の幹部か、大新聞の編集委員クラスの幹部であると想定したほうが適当です。普通の作家ではなく、新聞記者が変名で書いた小説だと思います。

これは大正期ですが、戦前日本のインテリジェンス能力の高さを知るには、いい本でしょう。

ポジティブカウンターインテリジェンス

戦前の日本は世界で一番早く組織的なインテリジェンス教育を始めました。一九三八年に設けられた後方勤務要員養成所で、陸軍中野学校の前身です。そこでは、インテリジェンスを秘密戦といいました。目に見える戦争ではなくて、目に見えない戦争。それを四つに分けました。一番目が積極諜報、隠している情報を相手に察知されないようにして取るということです。

二番目は防諜。積極諜報の逆で、相手が取ろうとする情報を取らせない、ということです。普通の防諜といえば、文書を入れた棚に鍵《かぎ》をかける、不要なものはシュレッダーにかける、通信文は暗号にする、となります。しかし、ポジティブカウンターインテリジェンス、積極防諜という別の手段もあります。知られてもいいような情報を、敢《あ》えて隠したいモノのように見せ、ニセ情報を掴《つか》ませる方法です。どうでもいいものを相手に追いかけさせることによって、本当に隠したいものを隠す。

ロシア人は、これを得意としています。たとえば、ここは熱帯です。巨大な動物がいます。それは厚い皮の上にまばらな毛が生えていて、脚は非常に太い。かつ尻尾《しっぽ》は細い。この動物は何でしょう？　象と答えるとはずれ。これは、象ではなくてサイだと。「サイならなぜ角があると言わない、なぜ鼻は長くないと言わない」と尋ねると、「それはおまえが角はあるのか、鼻は長いのかと訊《き》かなかったからだ」と言い返す。サイだと答えたときには、「いや、これは象だ。鼻が長いんだ」という話にするわけです。

その意味で、ポジティブカウンターインテリジェンスはジグソーパズルのようなものです。ジグソーパズルの完成する絵は、最初から決まっているが、こちらにはわからない。こうしたものに騙《だま》されないようにするのは大変です。そのためにも、情報の遮断が重要になります。ネット掲示板にあるのはゴミのような情報、ちり芥《あくた》の塊です。それらは間違った調査や認識によって導かれている危険性があるので、遮断するほうが良いのです。

日本語バリアという補助線で、生き残れる職業が見える

皆さんの中で、子どもさんやお孫さんがゲームに熱中していたら、遮断を考えたほうがいいでしょう。特にいつも更新を強いるようなソーシャルゲーム系はやめさせたほうがいい。近未来において、あの種のゲームには、何らかの法的規制がかかると私は思っています。あれはアヘンと同じ効果があるからです。

漫画は構いません。漫画は読書につながっていく可能性があるからです。しかし、テレビ

は見る時間を制限し、ゲームは極力させない。最初は子どもに泣かれるかもしれませんが、一〇年、一五年後には必ず感謝されると思います。

残念ながら、新自由主義的な流れは止まりませんが、その構造転換を、一方において我々は考えていかなければなりません。ひと昔前の人たちが言った革命です。革命とは星の回転が変わるということです。天井の星の回転が変わることによって地上の秩序が変わる。革命とは外在的なものです。地上の秩序を変えることで星の流れを変えられないなら、星の流れが変わるまで待たなければいけません。そういう構造転換を待つ必要があります。

同時に、実際に起きている大変な二極化の中で、自分たちは底辺に落っこちないように注意する必要があります。私自身を含めて、少し気を抜くと皆さん落っこちてしまいます。そこに落ちると上がれなくなる。この怖さはやはり認識しないといけない。

余談になりますが、たとえば息子さんやお孫さんが公認会計士の勉強をしているのなら、やめさせたほうがいいと思います。直ちに税理士に切り替えさせたらいいでしょう。公認会計士と税理士の難しさは全然違うじゃないか、レベルが違うのではないかと思われるかもしれません。その通りです。それゆえに、公認会計士は危ないのです。日本はＴＰＰに、ほぼ確実に参加します。公認会計士の会計は国際基準となり、企業会計は英語で作成しないとならなくなるでしょう。そうすると、会計にかかるコストは低くなります。なぜか。パターン化されるから、日本の会計士でなくとも良くなるためです。インドに安い公認会計士がたくさんいれば、インド人公認会計士との競争になる。

しかし、税金を扱う税理士は会計士と違います。税務署は担税力、すなわちその人がどのくらい税金を払えるかというぎりぎりのところを見計らって、完全には潰《つぶ》しません。来年以降も払ってほしいから、ぎりぎりのところで手を打つ。このあたりのテクニックはマニュアル化できません。言葉による交渉の余地が相当あるため、理屈で通らないところもずいぶん出てくる。だから税理士は生き残る職業です。公認会計士は機械的にやる要素が強くなるので、生き残れない。

他にも生き残れる職業には、不動産関係があります。なぜならいくら安くても、インターネットでマンションは買わないため。土地もインターネットでは、さほど買われません。行きつけの不動産屋さんをはじめ、この人なら信用できる、というところで多くの人は判断をしています。不動産屋さんや不動産鑑定士は生き残ることができるでしょう。

介護労働ですが、介護の現場にはフィリピン人やインドネシア人がたくさん入ってきます。TPPにフィリピン、インドネシア、マレーシアが入ることになれば、必然的にそうなっていきます。しかし、介護計画を立てるケアマネージャーは、日本語のできる人でなければなりません。介護計画は細かいニュアンスが必要ですから、日本語ができなければ成り立たない。ケアマネージャーも、生き残る職業となるでしょう。

　これは個人レベルでのインテリジェンスですが、今後グローバリゼーションが続く中でどういう職業が生き残るかという問題は、日本語バリアと日本文化という補助線を引くことによって、かなり見えてきます。ここを間違えて職業選択をすると、大変な努力の割に利益がまったくない、という事態を招きかねません。

戦後編があった『のらくろ』

　これも雑談ですが、『社長 島耕作《しまこうさく》』は遂《つい》に『会長』になりました。これで『ヤング 島耕作』から『課長 島耕作』を通じて『会長』まで行きついた。初芝の業績が悪いため、会長に退いたという設定です。そうなると、この先のシリーズでは会社が持ち直して『経団連会長 島耕作』あるいは『相談役 島耕作』になるか。もしくは一歩下がって『年金生活者 島耕作』となるか。

　出世物語というのは、どこかで出世が終わります。この出世物語系の漫画の源泉は、『のらくろ』だと思っています。野良犬黒吉《くろきち》は軍隊に入り、初めて腹いっぱい飯を食べられる。二等兵からどんどん出世していきます。豚の軍隊や猿の軍隊と戦ってだんだん偉くなり、トンキンジョウ攻略戦まで行く。そして、どんどん出世して将校になる。しかし昭和一六年、皇軍を犬にたとえるとは何事か、と軍から文句が出たので、終わってしまいました。

その『のらくろ』に戦後編があるのを御存じでしょうか。軍事専門雑誌の「丸」に『のらくろ』が連載されていました。戦後、彼はどうなったのか。戦争が終わって猛犬聯隊《れんたい》は解体し、ブル聯隊長は商事会社の社長になっています。モールという中隊長は市会議員になる。しかし、のらくろは、ただの野良犬に戻ってしまいました。いろいろな職業につきますが、どれも長く続きません。各地を放浪して歩きまわります。

最終巻が『のらくろ喫茶店』。お店を持つようになって、一生懸命婚活をする話です。早く家庭を見つけたい。戦前は軍隊で滅私奉公をしたけれども、いいことは何もなかった。最終的には彼女を見つけて喫茶店のマスターに収まり、大団円で終わっています。

なぜこういう話をするかといいますと、漫画のような大衆文化、サブカルチャーのなかにもインテリジェンスがあるからです。『のらくろ』に描かれた軍幹部たちの戦後の生き残りのありさまは、価値観の転換の縮図そのものを描いています。この漫画を読み解くことで、このようにして構造転換が起きたのか、と把握できる。なぜブルさんは政界に出られなかったのか、それは公職追放がかかっていたから。そのような情報が埋め込まれています。

謀略とは、実力以上の力を持っていると誤認させること

三番目は機能面からの宣伝、プロパガンダ。弱いところを極力見せず、こちらの強い面を強調することです。プロパガンダという言葉は、元々キリスト教の宣教で使ったものです。

そして四番目が謀略です。conspiracy。謀略というのは積極諜報、防諜、宣伝の技法を用いて最終的に実力以上の成果を出すことで、最終的にはこの謀略が目的です。日本の戦前のインテリジェンスとは、謀略活動を行うことに尽きていました。インテリジェンスの本質は、現在においても謀略です。自分の持っている実力よりもより強い力を出すこと。実力を最大限に発揮するのではなく、実力以上の力を持っているように相手に誤認させること。これがインテリジェンスの仕事です。その技法を使うと、インチキ師やペテン師とかへの応用も可能です。

そこで三番目の問題が出てきます。国家機能としてのインテリジェンスに揺らぎが生じているという問題です。インテリジェンスの技法だけを使うならば、どのような組織も自分の持っている実態の力以上の力を発揮することができます。アル＝カーイダもそうです。アル＝カーイダを国家の力として見るなら、スーダンあたりと変わりありません。ところが、インテリジェンスに関してはヨーロッパの中堅国、オランダぐらいの能力があります。彼らはインテリジェンス能力によって全世界を攪乱《かくらん》することに成功している。

多国籍企業についても同じことが言えます。多国籍企業に資本が逃避していくとどのような操作が国家によって行われるか、どこでどのような人事が行われるか、これらを企業は徹底して情報収集しています。TPPが実施されるともっとそうなります。こういった多国籍企業が持っているインテリジェンス能力は、国家の統制に収まりません。それに統制をかけていこうという方向が、二〇一三年の北アイルランドのG8サミットから非常に顕著になっています。

国家を超えるインテリジェンス能力を持っていたのは、かつてのコミンテルン、国際共産主義運動でした。ただしスターリン体制が成立するに至って、国際共産主義運動はだんだんソ連の国益と一致するようになったので、国際共産主義運動の脅威は消え、代わりにソ連の脅威が浮上することになりました。

ちなみにコミンテルンは、モスクワの市内から北の方にありました。当時は郊外で、私が暮らしていたころの東京拘置所みたいな大きな塀に囲まれた場所の中にあったのです。そこでの公用語はロシア語ではなく、ドイツ語。そこだけ見ても、コミンテルンとソ連とは、利害を別にする部分が初期においてあったことがわかります。国際共産党は、国境を越える脅威でした。

たとえば戦前のスパイだったゾルゲは、アゼルバイジャンのバクー生まれ、お父さんはドイツ人でお母さんはロシア人。彼はドイツ人のアイデンティティとロシア人のアイデンティティを持っていましたが、それを超えるアイデンティティとして「共産主義者」を強く持っていた。そのため、国際共産主義運動に殉じることになりました。

また、先ほど話したように、イスラエルの場合は二重忠誠の問題を持っています。ポラード事件がそうです。

カトリックに関しても、二重忠誠問題というのはあります。アメリカでその問題が克服されたのは、ケネディ大統領の誕生によってでした。ケネディはアイルランド系移民の子孫で、家は熱心なカトリック教徒。あのとき立派だったのはニクソンです。宗教問題をテーマにしないことをニクソンははっきりと言いました。彼は最初、ケネディに勝てると思っていたのでしょう。カトリックだから二重忠誠の問題があるのではないか、最終的にはバチカンと手を握るのではないか、あるいはカトリック国家に秘密が抜けるのではないかという疑心暗鬼を克服したわけです。

国務長官のケリーさんがカトリック教徒だと知っている人はどれぐらいいるでしょうか。忠誠の問題は、一切生じていません。アメリカでは、カトリック問題は今や克服されています。では、ロシアでカトリック教徒が外務大臣や政府の要職に就くことができるか。これは絶対に無理です。国によって異なるのです。

メタの立場を見出せずに煮詰まると戦争になる

日本の場合はこれからインテリジェンスができることになると、必ず創価学会問題が出てきます。池田大作《いけだだいさく》氏への忠誠と、インテリジェンス機関長への忠誠のどちらを優先するか。こうした問題は政府の側から立てます。創価学会員のほうから見ると、腰を抜かすような話だと思います。宗教の位相の問題と、具体的な自分たちの職務の遂行が矛盾するような状況を想定していない、自分の仕事に一〇〇%忠誠を尽くすのは当たり前ではないかと考えているからです。

これは戦前、軍の教練の教官がミッションスクールへ来て、天皇とイエス・キリストのどちらが偉いかと迫ったのと同じ話です。宗教サイドからすると成り立ち得ない。それは、国家が宗教の内容に介入するようになった場合に初めて出てくる話です。私は創価学会に関しては、今後竹島《たけしま》問題と尖閣《せんかく》問題を解決するときに、彼らが鍵を握ると思っています。なぜなら、韓国にはたくさんのSGI（創価学会インタナショナル）のメンバーがいるからです。韓国のSGIメンバーは、独島《ドクト》はわが国の領土で、一切譲る必要はないとしている。日本の創価学会員は、竹島は日本領土だと思っています。公明党は与党の一員ですから、その立場を主張しています。尖閣問題に関しても、台湾のSGIメンバーは、釣魚台《ちょうぎょだい》は我々の島だと思っています。それに対して、日本の創価学会員、沖縄の創価学会員は、尖閣諸島は日本領だと言っています。しかし、創価学会インタナショナルの活動の中では、竹島問題や尖閣問題を巡る考え方の違いは障害にもなっていないのです。

それは、メタの立場を持っているということです。我々も何らかのメタの立場を中国人、台湾人、韓国人と持てるはずです。そのメタの立場が何かを見つけ出すことができれば、紛争が起きても鎮静化させることはできる。そのメタの立場を見出《みいだ》せずに煮詰まってしまうと、戦争になってしまいます。

ヨーロッパ人も長い間、メタの立場を見出すことができずに戦争をしてきました。ところが最終的にメタの立場を見出した。それはEUです。EUの根っこにあるのは何かといえば、いつも私が言う「コルプス・クリスチアヌム」、要するにキリストの体、キリスト教共同体です。これは、必ずしもキリスト教徒であるということではありません。ユダヤ・キリスト教の一神教超越神の伝統、ギリシャ古典哲学の伝統、ローマ法の伝統、この三つのものが合わさったものがヨーロッパを形成しているということです。こうしたメタの立場を、ヨーロッパは発見することができたわけです。

韓国、日本、中国との間での紛争を防ぐには、我々が何らかのメタの立場を見つけることが必要です。でも、それがまだできていない。第三者的に考えるなら、大東亜共栄圏というものを追求しようとしたのは、メタな立場の探求があったからです。しかし、それはうまくいきませんでした。類似している東アジア共同体もうまくいかないでしょう。

サイバーテロに一番強いのは北朝鮮

サイバーテロに関してですが、サイバーテロの一番の特徴は、個人が勝手に参戦できるところにあります。コンピュータさえ持っていればいい。あるいはネットカフェに行って、Gメールでアドレスをつくり、それをベースにいくらでも参戦できるわけです。国家がやめろと言ってもやります。止める方法はありません。戦争は、本来国家対国家ですが、こうした非対称な戦争が起きてしまいます。

ちなみにサイバーテロに対して最も強い国家はどこかというと、我々の周囲では北朝鮮です。どうしてか。日本であれば、ビルにもサーバーがあります。そのアドレスに侵入することで、ビルの水道や電気を止めることができます。それはどこかのコンピュータでつながっているから、鉄道だって止めることができるわけです。

ところが北朝鮮の発電所は、コンピュータを使っていません。機械的に動かしています。列車の運行は、ダイヤグラムをこうやって紙の上に三角定規で線を引いて列車を動かしています。そうなるとアクセスのしようがないわけです。

一応ｋｐという朝鮮民主主義人民共和国のドメインは割り当てられていますが、私が今までこのドメインに行き当たったのは「ネナラ」、朝鮮民主主義人民共和国というサイト、朝鮮中央通信のサイトと労働新聞のサイトだけでした。それ以外にはコンピュータはほとんど普及していません。個人で北朝鮮のドメインを持っている人はいない。

北朝鮮のコンピュータは、基本的には瀋陽《しんよう》のサーバーを経由して動いているといわれていますが、いずれにせよ国内で情報を遮断するということは、逆にサイバー攻撃に対する鉄壁防御ができる国家をつくっていることになります、完全な防衛体制を持った下で相手を攻撃できるというのは、凄《すご》い話です。『「第5の戦場」サイバー戦の脅威』の伊東寛《いとうひろし》さんは、自衛隊のサイバー部門の責任者だった人です。

〈あるとき北朝鮮のソフトウェアを解析する機会があったが、そこには一九八〇年代の日本で一世を風靡したＮＥＣのＰＣ98の痕跡があり、大いに驚いたものだ。

とはいえ、そうした教育環境だからこそ、与えられた条件のなかで骨の髄までしゃぶりつくすように学ぶことができるのかもしれない。それこそウィンドウズ98のことなら、北朝鮮の技術者は解析しつくしているだろうから、下手をすれば、マイクロソフトの技術者より詳しいのではないかと思う。当然、脆弱性も相当把握しているはずで、北朝鮮

はそれを突ける。〉（伊東寛『「第5の戦場」サイバー戦の脅威』祥伝社新書、二〇一二年、一六五～一六六頁）

確かにそういう要素はあると思います。

ではどういうことが起きるか。アメリカ、ロシア、日本の防空システムは、マッハ2クラスの戦闘機がアクセスして進入してきたらすぐに察知できます。ところが、昔陸軍の練習機に赤とんぼと呼ばれた複葉機がありますが、これが時速一五〇キロぐらいで東京タワーの高さと同じ三〇〇メートルくらいを飛んで入ってきたら、日本のレーダー網には引っかかりません。防空システムに引っかからないから、撃ち落とせない。赤とんぼは、ほとんど木や竹でできていて、金属を使っているのは、エンジンの頭の極一部くらいだから、レーダーに引っかからないのです。それにサリンなどの化学兵器爆弾を積み、東京に落とすことも可能となります。北朝鮮のサイバー攻撃とは、そのような怖さがあるわけです。古いソフトウェアを熟知しているからこそできる、我々が想定していないような手法で攻撃してくる。

外層的な国家論は、実際の資本主義とは合致しない

次に、国家論整理の必要性ということで、少し時間をかけて話します。今までの話のなか

で、ついていけないところはなかったと思います。この講演は、基本的にここに来ている標準的な方を対象にしています。標準的な方というのは、中学校三年生から高校二年生ぐらいまでの間、かなりまじめに勉強をしている子どもたちくらいの理解力を持っている人たちです。

これは失礼なことを言っているわけではありません。だいたい中学三年から高校二年ぐらいまでの学びが、教養の基本形になっているからです。中学二年までは、まだ小学校に近いものがある。高校三年になるとある種の分野においては大学院レベルになる。たとえば、政経や倫理、物理Ⅱです。物理Ⅱはほとんど原子物理学ですから、大学レベルに入ってしまいます。

我々が普通に持っている教養は、高校二年生レベルのところで完成しているのが、日本の教育システムです。時々それを飛び越えることをやりたい。

鎌倉さんの『国家論のプロブレマティク』を見てみましょう。

〈資本主義は、社会存立の根拠である労働・生産過程を、商品経済を通して資本の運動のうちに包摂することにより、経済的自立を達成する。労働・生産過程の商品経済的包摂にとっては、その主体的要因としての労働力の商品化とともに、それと表裏をなす土地所有（私有）関係の確立が、その根本的条件であった。資本主義経済の自立、そのことは同時に経済過程の実現にとっては、したがって労働者階級に対する支配―体制維持にとっては、直接政治的権力―暴力、つまり経済外的強制によって支えられることを不要とするものであることを意味する。労働者階級さえ商品経済のうちに包摂しうるということである。『資本論』はこのことを論証したのである。

国家論――直接にはブルジョア国家の理論的解明――は、この理論的基礎をふまえて構築されねばならない。したがって、資本家対労働者階級の直接的階級闘争から、前者による後者に対する暴力的な階級支配の道具として国家を導くのは、資本主義の経済的自立性、労働者階級の商品経済的包摂を無視する誤謬であり、ブルジョア国家の特徴も、その本来の性格も明らかになしえない。国家は、経済を支える経済的要素ともされてしまう。また、経済的自立性を基本的には認めながら、その不十分性や欠陥＝〝穴〟をさぐり、そこから国家を〝導出〟する試みも、結局は同じ誤りを導くものといえよう。〉

（鎌倉孝夫『国家論のプロブレマティク』社会評論社、一九九一年、二九四頁）

先ほど頭出しをしましたが、資本主義は失業のときには面倒を見られない、あるいは利潤を追求する競争を企業間で行うことによって潰れる会社が出てくる。そうすると経済が回らなくなるから、国家は介入しなければならない。こうした理屈は、資本主義の自立を認めないということになります。
安倍《あべ》政権になって特区構想が出てきました。労働者を簡単に解雇することができる、ホワイトカラーで認定した場合は年俸制で何十時間まで超勤させることができる、こうしたものが出てくることをどのように捉えるか。国家が介入の度合いを少なくして、資本の望むとおりに動いている、純粋な資本主義の傾向が出てきています。しかし、経済は回るのです。回らなくなる、ということにはなっていません。なぜ回るのかを摑まないといけません。

搾取とは、中立的なものである

ちょっと長く、難しくなる箇所に入ります。

〈国家の「原理」的解明は、少なくともイデオロギー領域の問題を媒介しなければ成り立たないのであり、そのイデオロギー領域は、経済の「原理」―論理に含まれるものではないし、その論理の中から必然的に展開されるものではない。イデオロギー領域の問題は、主体の、しかも実践に関わる問題であって、経済法則的必然の領域の問題ではない。
たしかに後にさらに詳論するように資本主義は、その経済的運動を基盤に市民的イデオロギー形成の根拠をもつし、その形式化、規範化としての法《レヒト》（引用者註・ドイツ語のレヒト。Recht は不文法を含む。それに対して実定法のときはゲゼツ Gesetz という）を形成する。いわば経済学の原理に対応するイデオロギーと法《レヒト》の原理を成立させる。それは、資本主義経済が、商品経済的関係によって、一般的に包摂されて成立するのに対応して、この商品経済的関係に基づいて形成される一般的イデオロギーであり、法《レヒト》であるということができる。〉（前掲書、二九六頁）

〈市民的イデオロギーと異質なイデオロギーの発生は、資本主義において生存するための日常的実践自体の中から発生せざるをえないのであって、決してその外部からではない。〝外部〟からのイデオロギー注入という考えは、無自覚的実践主体に、自覚を与えるという限りで妥当することであろう。市民的イデオロギーが、人間的実体に即応したいわば人倫的イデオロギーであったならば、人間社会が発展すれば、おそらくイデオロギー的にも統一されうるものとなるといえるであろうが、そうはならないのである。それはいうまでもなく、資本主義社会を包摂する商品経済自体の〝物神的〟性格に基づく、市民的イデオロギー自体の〝物神〟的性格によるのである。〉（前掲書、二九七頁）

簡単に言いましょう。若年労働者がひと月一五万円で働くことを経営者との間で契約を交わしたとします。これは自由な契約です。やりたくなければ働かなければいい、契約しなければいいわけです。しかしそこで働くことを契約したなら、労働協定にある八時間以内はきちんと仕事をしなければいけません。職務専心義務がある。企業がどうしてその労働者を雇うかというと、一五万円以上は確実に儲かるからです。そうするとその差額が剰余価値になる。労働者から見れば、搾取されていることになります。

資本家というのはこのように搾取をしますが、搾取とは悪いことなのか、いいことなのか。これは中立的です。搾取をしない資本家というのは、資本主義社会ではたった一つだけ、倒産した資本家だけです。倒産した資本家は賃金を払うことができません。

我々はプチブルジョアの論理を持っている

では、資本の論理とは何なのか。カネがありモノを買ってヒトを働かせる。儲けを増やしたら、その儲けを自分で使ってしまうのか。そうではない。またそれを投資していきます。企業家というのは、それほど浪費はしません。一生懸命働きます。

死ぬまで働いて資本をどんどん増殖させていく。それは資本の論理です。あるいは私より後に東京拘置所に入られた堀江《ほりえ》貴文《たかふみ》さんも、時価総額を最大にしていくことが目的でした。あれも資本の論理です。彼と檻《おり》から出てきた後に会いましたが、考えは変わっていませんでした。ゲルト（Geld、金の意）、ヴァーレ（Ware、商品の意）、ゲルトダッシュ（G'）、ヴァーレダッシュ（W'）、ゲルトツーダッシュ（G''）、ヴァーレツーダッシュ（W''）と、どんどん、どんどん資本は自己増殖していく。

左翼の人は、この資本の論理が社会全体に浸透しているとよく言います。それは嘘です。鎌倉さんも嘘だと言っています。マルクス経済学者の中で、このことを理解している人は少ないです。資本の論理を持っているのは資本家だけです。ただ、FXだけで生活している人の中には時たまいます。彼らは二〇〇〇人に一人ぐらいいるといいますが、成功しているのは一〇万人に一人ぐらいなものでしょう。彼らはワンルームマンションの部屋の中で、飯を食う以外はコンピュータのディスプレイ七つぐらいをずっと眺めている。おっ、この動きがあれば行けるんじゃないか、やったー、今日は六〇万儲かったと。翌日には七〇万損をする。だいたいの人は、年収二〇〇万ぐらいしかないでしょう。最近はFX用のソフトも売られていますね。これを使うと、ある程度儲かるぞと。しかし、世の中はそれほど甘くない。

我々は、実はプロレタリアの論理も持っていません。プロレタリアの論理とは、特定の階級的な教育を受けたり、労働組合の中や政党で教育を受けたりした人しか持っていないものです。そこでは、資本主義とは基本的にはおかしな構造であるということになる。

我々はプチブルジョア、小生産者の論理を持っています。小生産者の論理とは、自分の労働でつくったものは自分のものだ。モノやサービスは対価を出して得るものだ。カネを増やしていこうとは思わないけれど、働かないで儲かるのはおかしい。そしてモノを買うときにはお金を払うのが当たり前だ、と思っている。これらはプチブルジョアジー、小生産者の発想です。資本家の発想ではありません。すべては商品を経由して生きていかないといけない、という常識の中に我々は入っている。

そこで出てくるのが法の問題です。労働においても商品取引においても、騙し討ちなどがないよう、法体系ができてくる。そのため、近代における法体系では、常に民法典が先行します。民法典ができた後に刑法ができてきます。これが国家ができる一つの大きな基準になってくる。鎌倉国家論のポイントです。

伝統への回帰と称した新自由主義政策

鎌倉さんの考え方で面白いのは、資本主義が自立しているかどうかの論争のポイントとして、失業者の生存はどこから担保されているかが取り上げられていることです。賃金とは三つの要素から成り立っています。一ヵ月の賃金なら一番目は食料、家を借りること、服を買うこと、ちょっとしたレジャーをすること。翌月働くエネルギーを蓄えるための費用です。二番目は、家族を養い子どもをつくり、労働者階級を再生産するために必要な経費。三番目は、技術革新に対応する学習のための費用。朝日カルチャーセンターに来られる方の中にも、自らのキャリアアップという目的の方がいます。その方たちは、三番目の要素に自分の賃金の一部を使っているわけです。

資本主義がきちんと回っているときは、この三つの要素に分配されます。しかし、そうではないときは、二番目、三番目は切り詰められるだけ切り詰めてしまいます。一ヵ月の労働のエネルギーを蓄えるためだけで、ぎりぎりのところになってしまう。

景気循環において失業者が出てきたら、失業者は誰が食わせるのか。失業者が全員飢え死にしてしまったら、資本主義は成立しなくなります。資本主義社会が継続するためには、国家があり、社会福祉を行うことだ。こうした考え方を取る人が結構多い。宇野派でも多いのですが、鎌倉さんはそれを批判します。

〈失業者の生存をいかに維持しうるかという馬場氏の問題も、景気循環を通してとらえるほかない。労働力の再生産は、労働力商品の価値法則によって規制され、労働力商品の価値法則は、景気循環過程を通して規制されるのである。恐慌―不況期の失業や半失業における労働者の生存の維持については、一般的には好況期における賃金が生活費を上回って上昇し、ある程度貯蓄を形成すること、それが失業、半失業時の生活を支えるものとなるととらえることができる。労働者は「そう貯蓄しうる身分ではない」というのは、賃金を余りにも固定的に、つねに生活費ぎりぎりのものとしてとらえ、景気上昇期の賃金上昇をとらえない点で一面的である。労働者の個人的生活が、家族という共同生活によって支えられることを考慮すれば、ある家族成員の失業時の生活は、他の家族成員の所得によって支えられるとして理論的に何ら支障はない。〉（前掲書、三二一頁）

正確な指摘です。マルクス経済学ですと、往々にして賃金は最低水準で人々は窮乏化していく、という議論になりやすい。そうではありません。景気循環の中の需要と供給で、生活費以上に賃金が上がることもあります。だから我々は、ある程度貯金ができる。しかし失業時、半失業時においては、貯金を使わざるを得ません。もう一つ重要な要素は、家族の再生産をしていく必要があります。家族というのは、経済合理性とは別のところにあります。だから家族はお互い助け合うわけです。

安倍政権が進めている家族的価値の重視とはどういうことか。失業・半失業などに陥った場合、あるいは年金を減らされた場合、その負担を家族に押し込んでいくという経済合理性から政策を出しています。伝統に回帰すると言いながら、実は本質においては、新自由主義政策です。新自由主義政策が伝統への回帰という衣をまとって出ているだけだと、私は見ています。

資本主義には無理がある。だからイデオロギーが必要になる

先に進みましょう。

〈このように資本主義は、人間実体的領域を全面的に商品経済で包摂・統合し、これによって、商品経済的＝市民的イデオロギーを支配的イデオロギーとして形成する根拠をもちながら、なおかつイデオロギー的には（したがって実践的にも）、必ずしもこのイデオロギーによって他のイデオロギーを解消、消滅させることにはならず、人間実体＝共同性に基づく、商品経済的イデオロギーとは異質のイデオロギー発生の余地を残すのである。だからといって経済的自立性、経済原則の法則的実現が損なわれるわけではないことは、たとえば社会主義イデオロギー・運動が生じてもそのことからこの体制が直ちに動揺したり、崩壊したりするわけではないことによっても明らかであろう。社会主義者といえども、資本主義の下では、商品経済＝市民社会のルール・規範を守らざるをえないのである。それは社会関係自体からくる強制である。単純化していえば、資本主義は、商品経済に全面的に包摂・統合されながら、人間実体＝共同性の領域をそれ自体の根拠とせざるをえないことによって、少なくとも異質なイデオロギー発生の根拠をもたざるをえない——といっても後者が前者に包摂・統合されている限り、前者に基づくイデオロギーが現実には確実に支配的となる——といえよう。

このようなイデオロギー固有の領域の確定とその形成の特徴を明らかにしてこそ、はじめて〝経済は自立しているのに、なぜ国家なのか〟という国家論の基本的課題も解明しうるのではなかろうか。資本主義における支配的イデオロギーが形式化、規範化されたものとしての法 Recht 論が、国家論の基礎とならなければならないと考えられる。宇野弘蔵は、このような方法を提示したのであったが、しかし法形成の根拠と法体系の特徴を明らかにしたにとどまり、なお国家論にまで到っていない。ところが、カント—ヘーゲル—そして初期マルクスは、明らかに「法」論に基づく国家論を哲学全体の総括として位置づけていた。とりわけカントの場合は、実践哲学（「実践理性批判」）の中に、法—国家論を位置づけていたのであり、このことは、国家論の解明に重要な示唆を与えているように思われる。〉（前掲書、三二〇〜三二一頁）

宇野弘蔵は新カント派の影響を受けています。宇野派の人たちは否定しましたが、鎌倉さんはそこを上手に戻しました。

人間は労働力を商品にするのですが、そこには無理がある。人間はモノではありません。マルクスは『資本論』の中で、資本家は労働者を馬のように使うことができると言っていますが、馬は内心で反発し、このヤローいつか何かしてやる、と思うことはありません。対して人間は、反発心、友愛に対する感覚、家族に関する感覚、恋愛に対する感覚を持っています。その実体と矛盾するところにおいて、資本主義には無理があるのです。そうすると、それ以上無理をさせないために、イデオロギーが必要になってきます。それが法体系となり国家をつくっていく。荒っぽく言うと、これが鎌倉さんの考え方で、マルクスからその論理を引っ張っていけるのではないかとしています。この方向性は、私も議論をもう少し詰めて精《せい》緻《ち》なかたちにしたいと思っています。重要だと思うからです。

人倫と社会保障政策の違い

そうすると国家の社会政策というのは二段階に分かれます。かつては工場法、救貧法というのがありました。工場法では九歳未満の労働者の勤務を禁止して、一八歳未満の一二時間労働を定めました。救貧法では、失業者は労役場というところに連れていかれます。待遇は刑務所よりもひどいから脱走する。そうして捕まると、焼き鏝《ごて》《や》でSという烙印《らくいん》が額か頰に押されます。三回脱走したら死刑。このへんの救貧法の流れは『資本論』に詳しく書かれています。

この救貧法や工場法は、人間が人間としてあるぎりぎりの線、いわば人倫、ヘーゲルが言うところの Sittlichkeit から出てきています。

それに対して社会保障政策というのはそうではありません。ビスマルク以降に出てきた社会政策は、基本的に社会主義が起きないようにするためのものでした。資本主義は人間的ではない、我々の労働価値をつくり出しているものは何だというところから、資本主義体制を崩そうとする対抗イデオロギーが生じてきました。社会主義を目指す動きが大きくなり、その動きを潰すために国家が介入し、社会主義の要素をある程度先取りする社会政策を行うことが必要と判断をしたのです。

それが野《の》口《ぐち》悠《ゆ》紀《き》雄《お》さんの言う、一九四〇年体制でした。それまで、雇用は保障されていませんでした。借主の地位は貸主よりも弱かった。終身雇用制はこのときに生まれました。厚生保険も健康保険もこのときに生まれたわけです。これはファシズムと非常に近い考え方です。

しかし社会主義になる可能性が減ってくれれば、そこは削ってしまいます。削った末に、人間が人間であるぎりぎりのところは、資本主義でも残したわけです。そうして救貧院ができた。工場法もでき、これ以上やり過ぎるのはいけないとストップがかかりました。ストップがかかるには、相当ひどいことが起きないといけません。

一九世紀の一八四〇年代の男性労働者の平均寿命はどれぐらいだったのか。平均寿命で一五歳です。七、八歳から労働に就かされ、一六時間労働で、炭鉱などではマスクもせずに塵《じん》埃《あい》を吸っていましたから、あっという間に死んでしまいました。ホガースの風刺画を見ると、一八世紀の時点でジン酒場とビール酒場を描いています。ビールは金持ちが飲むものです。中産階級や労働者の中の上層部が飲むもので、ビール酒場ではみな和気藹々《あいあい》としています。一方ジンは、とにかく苦しみから逃れたいとあおるための酒でした。だから、ジン酒場の絵は地獄図のようになっています。ジンも規制されました。

イギリスで、二四時間営業でビールが出るようになったのは一〇年ほど前からです。私が研修でイギリスに滞在したのは一九八六年から八七年。そのころはトータルな営業時間が決まっていたので、どんなに遅くても、パブは一一時には閉めなければいけませんでした。ちなみに、パブのライセンスは一九世紀にほとんど更新されていません。だから酒を売っていても、オフライセンス、店内で飲んではいけませんという店が多い。酒を提供できるライセンスを、一九世紀にほぼ止めてしまいました。それは先ほどの工場法の延長です。これ以上やると、人倫の最低のところまで落ちてしまうからと規制された。

安倍政権がしている雇用の自由化政策は、ジン酒場のようなものを生み出すでしょう。マルクスやエンゲルスが描いていた、あの一八四〇年代に近い地獄絵図を生み出します。あの人たちはそれがわかっていません。わかっていないから、あのようなことができるのです。

中国の国家安全部と協力体制を構築しようとした過去

朱建栄さんの話について簡単に触れておきます。朱建栄さんが七月一七日中国の上海《シャンハイ》に渡って以降、消息が摑めない状態が続いています。一七日、空港で拘束されたことを産経新聞や朝日新聞が報道しました。私が得ている情報では、一八日の二時に朱建栄さんは友人と会い、その日の四時に国家安全局、秘密警察に呼ばれています。それ以降帰っていない。かけられている容疑は、日本から対価を得るかたちで、日本の政府機関に中国の秘密情報を継続的に流していたというスパイ容疑です。

具体的に何が問題となったのか。これは推定ですが、日本外務省の委託研究でしょう。日本外務省は学者に委託研究をしていますが、それを引っかけられたのだと思います。飯の飲み食いだけでしたら、引っかけてはきません。理由は何かというと、習近平《しゅうきんぺい》体制になったことによる中国内の権力闘争でしょう。朱建栄さんは、中国政府寄りの発言をしている人として有名です。尖閣沖での漁船と海上保安庁の巡視船の衝突事件のときも、中国漁船が網を巻いていていたら間違えて巡視船に衝突した、と中国人でも信用しないようなことを言っていました。中国政府の公式見解を繰り返すという立場の人でした。

その人が捕まるのには、どのような意味があるのか。朱建栄ですら捕まるのであれば、誰が捕まってもおかしくないと、在日中国人や中国の日本関係の専門家たちが、警戒心を強めています。政治に関する発言は一切しないほうがいい、と。

朱建栄さんは王毅《おうき》外務大臣や、中国外交部幹部とは、とても親しい。国家安全部から見ると、外交部は日本に取り込まれている、と映っています。尖閣は日本の植民地支配として取られたものだから、力で取り返すのは当たり前だ。我々にはもうその力があるということを主張しているのが、中国の新興勢力である海軍です。それと同じような国家安全部は昔からありますが、対外インテリジェンスに乗り出してきているのは最近で、新参です。

私が一二年前、中国の人たちと接触しているときも、国家安全部はありました。国家安全部の人間が、身分を明らかにして日本にも赴任していました。これは初めて話しますが、協力体制を構築しようとしたこともあるのです。しかし全然ダメ、法輪功《ほうりんこう》にしか関心がなかった。法輪功以外のことは調べていなかった。国内秘密警察というのが私たちの認定でしたから、対外的な国際テロリズムや国際情勢に関する意見交換をしても意味がないと判断しました。だから中国の外交部の人たちと意見交換をしました。

中国の国家安全部は、朱建栄事件がでっち上げだとは思っていないでしょう。朱建栄さんが本当にスパイに見えている。ゾルゲ事件を考えてください。ゾルゲはナチス党員でした。

そして、ドイツの新聞でナチスを礼賛する記事をたくさん書いていました。日本のトップ、日本の検察、それから日本の特高警察は、それは国際共産党コミンテルンのスパイであることを隠すためだと認定しました。これと同じ目付きで、中国の国家安全部は朱さんを見ている。

朱さんの話がまだ表から正式に出てきていないということは、朱さんが思うとおりの自供をしていないということです。自供をしていれば、そのストーリーでキャンペーンがもう始まっています。しかも中国側がこの話を段階的に少しずつ出しているということは、日本側の反応を見ているのです。

記者会見の席で、外交部報道官が「朱建栄は中国公民であり、中国の法令を守る義務がある」とはっきりと言ったことによって、この勝負はけりがつきました。国家安全部が勝利して外交部は手を引きました。

実態としてはどうか。本人をよく知っていますが、朱さんはスパイ活動をするような人ではありません。ごく普通の学者としての情報のやりとり、意見交換がスパイ活動として物語をつくられている。国家の機能としてのインテリジェンスは、こういう使われ方もされるわけです。その危険性が、考現学としては朱さんの問題で端的に表れたと思います。

（二〇一三年九月二一日）

第三講　勉強とは何か

教養が身に付いている人は、勉強法が身に付いている

今日は勉強法について扱うわけですが、これは四回目の教養のテーマと不可分の関係にあります。教養が身に付いている人は、例外なく勉強法が身に付いています。ただし勉強法が身に付いている人でも教養が身に付かない人はいくらでもいます。我々の今回のインテリジェンスの目標は、生き残っていくための知をつけていくということです。これは、限りなく教養に近い。教養人になるという目標のための必要条件が、勉強法なのです。

勉強法に関しては、具体的に言わないとほとんど意味がないため、今日はいつもの講義とは趣を変え、文献を多く、具体的に紹介します。今後の勉強法に必要なツールは電子書籍です。私は今のところコボ（kobo）は持っていませんが、キンドル（電子書籍専用の白黒モデル）は英語版、そしてソニーリーダーを持っています。リーダーは頑張っていますが、まだコンテンツが足りません。キンドルに関しては、日本語のキンドルではまだ定期刊行物が取れません。雑誌が取れるようになり、新聞が取れるようになると、流れは変わるでしょう。さらに教科書が入るようになると、日本の知の世界の趣は異なるものになっていくでしょう。私はキンドルが二万七〇〇〇円ぐらいのときに買いました。今は八九八〇円です。腹が立ちます。

ちなみに電子図書元年は、しばらくは来ません。二〇一〇年が電子図書元年になる、ある

いはコボができた三年前に電子図書元年ではないかといろいろ言われましたが、いまだ来ない。どうしてかというと、ここにいる我々はほぼ全員、紙の書籍に慣れているからです。小学校から中学校で紙の書籍の刷り込みがなされているのですから、その習慣からはずれることはできません。裏返して言うなら、小学校義務教育の教科書が電子書籍になって一五年ぐらい後、その小学生が働いて書籍を買うようになったころに、本格的な電子書籍時代が到来するのです。

電子書籍はなぜ iPad ではダメなのか。なぜスマホではダメで、キンドルでないといけないのか。それはキンドルが不便だからです。どういうことでしょうか。キンドルも頑張れば Facebook にも Twitter にもつながります。ウィキペディアも引っ張れます。しかしゲームはできません。メールのやりとりを頻繁に行うこともできません。要するに iPad やコンピュータのような手軽な誘惑がないのです。読書に特化して不便であることがキンドルの利点です。だからタブレットではなく、電子書籍専用のモデルが良い。それからキンドルは人間工学的な研究がなされていますから、読んでいて疲れにくい。紙の本に近い感覚があるので、紙に慣れている我々の頭には入りやすいのです。

キンドルは二冊目を入れればいい

なぜキンドルは教養のために必要だと私は言うのか。たとえばキンドルに教科書が入るようでしたら、全部入れておけばいいです。すぐに引用できます。教科書が手元にない場合のお薦めは、角川新書から出ている池上彰《いけがみあきら》さんの『知らないと恥をかく世界の大問題』。シリーズで八冊出ていますが、これは非常にベーシックな文献になります。

たとえば今のアメリカ情勢で、共和党はなぜオバマに反発しているのか知りたいと思ったとき、『知らないと恥をかく世界の大問題』を見ると、すぐに背景がわかります。池上さんは人口動態に注目しています。アメリカの白人対非白人の比率は、非白人が三八％ぐらい。これが二〇五〇年には逆転して、非白人のほうが多くなると予想されています。非白人、ヒスパニック、そして黒人たちのほとんどは、民主党を支持しています。非白人のほうが多くなれば、大統領選で共和党が勝つことはなくなります。今の共和党としては、民主党の政治は決められない政治だ、オバマの政治は何も決められないと、ありとあらゆるものをスタックさせるしか手が残されていないわけです。

小沢一郎《おざわいちろう》さんが自公政権を倒すとき、ねじれを使って一切妥協せず、決められない政治を演出しました。それによって政権交代を実現させた。政権交代が実現した後、今度は自民党が徹底的に決められない政治を演出する。これと同じことが起きていることは、人口動態を見ればわかります。そうすると三八%という数字や、二〇五〇年に逆転するという数字を、皆さんと話しているとき、私がうろ覚えのときは、すぐにこれを引いてチェックできます。

私がなぜ池上さんの書いているものを信頼しているかというと、たとえばグルジア・ロシア戦争を例にしましょう。グルジア・ロシア戦争は、グルジア側の挑発によって始まりました。日本のメディアの大多数は、当初はグルジアの挑発として書いていたのですが、いつの間にかロシアの挑発やロシアが攻めてきたという、逆の話になっていきました。これはアメリカメディアの偏見がそのまま入ってきたからです。

池上さんは原則に忠実です。サーカシビリ政権がオセチアに入っていった。その前提として、ロシア軍がオセチアに駐留してくるのは、グルジア側の要請だったという歴史的な経緯をきちんと踏まえています。細部も、私が知っている問題に関して正確です。これは判断するときの基準になります。他の部分も正確である可能性が極めて高くなるからです。こうしたものはキンドルの中に入れておくと、随所で役に立ってくれます。

キンドルのキャパシティは、四六判四〇〇ページぐらいの本が一四〇〇冊ぐらいといわれています。持ち運ぶ図書館としては、ちょうどいいぐらいの量です。クラウドコンピュータとつながるから一〇万冊の図書館の本を全部見られますといったところで、意味がありません。一四〇〇冊というのは、標準的な高等教育を受けている人が処理するのには、ちょうどいい量でしょう。しかも英文でもロシア語でも入ります。朝鮮語も入ります。

ちなみに、キンドルは二冊目を入れたらいいと思います。紙の本で線を引き、チェックを入れて読み、これは常時携帯をしたい、と思う本だけを精査してキンドルの中に入れておくのです。要は入れすぎない。キンドルの一番間違えた使い方は、青空文庫がただだからと、ただのものは何でも入れるという方法です。先ほどのクラウドコンピュータの中に一〇万冊を入れることと同じになります。読んでいないものを入れても意味はありません。読んではいないが、入れておく価値のあるものは、辞書と、聖書などの宗教経典だけです。

カトリックとプロテスタントが一緒につくった聖書がある

聖書は日本聖書協会の文語訳と口語訳がキンドルで買えます。新約聖書と旧約聖書のセットで九九円。ベーシックに使われている新共同訳も八〇〇円で買えるようになりました。聖書は常時、電子書籍で携帯できるようになったのです。特に一九五四年、五五年の口語訳はよくできた訳です。これは新共同訳とは底本が違います。

今ある新共同訳の聖書は、カトリック教会とプロテスタント教会が共同でつくったものです。だから妥協しています。両者の間で、解釈が分かれるところがどうしても出てくるところはカトリック寄りに妥協している。実は新約聖書だけは、学術的に正確な共同訳というのがそれ以前につくられていました。たとえば、そこではマタイはマタイオスになっています。ルカはルカスに。カトリック教会はずっとイエズスと言っていましたが、プロテスタント教会はイエスと言っています。共同訳ではどうか。ギリシャ語の直訳調でイエススです。この聖書、もし古本屋で見つけたらぜひ買っておくことをお勧めします。というのも、この共同訳は学術的にあまりに中立すぎて、カトリック教会のほうがこれでは教会の行事で使えない、教会の伝統の中で読まれていないということで、絶版にしてしまいました。その結果、プロテスタント教会が妥協して、現在の新共同訳になったわけです。

プロテスタントの側からすると、口語訳のほうがよりプロテスタント的です。そのため、今でもプロテスタント教会では新共同訳ではなく口語訳聖書を使っているところが多い。文学作品で引用される聖書は文語訳か口語訳が多く、新共同訳はあまり使われません。私には、一番流布している版を使うべきという発想がありますから、文藝春秋から出した新約聖書は新共同訳にしました。

国際基準の中等教育修了は各教科のⅡまで

キンドルの話はこれぐらいにしましょう。勉強法に関してはどのレベルで考えるか。これは中等教育レベルを考えればいい。中等教育とは中学校ではなく、高校までが中等教育というのが国際基準になっています。高校とは高等中学校の略です。ですから我々が目標とすべきは、高校のカリキュラムを基本的に全部消化することです。しかしそれができている人はほとんどいません。一つの大きな理由は、ゆとり教育です。

ゆとり教育の問題とは、それによって全体的な水準が低くなったということではありません。確かに数学に関しては問題があります。たとえば平面幾何があげられるでしょう。リーマン幾何学や微分方程式があまり入らなくなってしまいました。明らかに全体として教える量が減っている。それ以外に関しては中学校のほうが楽になっていて、その分の皺寄《しわよ》せが高校に来ています。そのため、例外なく日本の高校生は落伍《らくご》するシステムになってしまっている。あるいは最初から数Ⅲをやらないとか、倫理、物理Ⅱ、地学ⅠⅡ、生物Ⅱをやらないといったことが起きてくる。本当は各教科すべてをⅡまでこなして、国際基準の中等教育修了となります。最初からアラカルトになってしまっている。

特に数学は酷《ひど》い。Ⅰという教科書とAという教科書。メインがⅠで、Aはいわば付録の扱い。ⅡとBの関係も、ⅢとCの関係もそうでした。だからバラバラになっている。複素数平面なんて、行ったり来たりしてしまう。メインの主菜なのか、それとも刺身のつまみたいなものなのか。怒り心頭で、自分で教科書を書き直したのが芳沢光雄《よしざわみつお》先生です。東京理科大で数学教育を長くされていて、今は桜美林大学で数学を教えられている。芳沢先生は高校数学の教科書をまずブルーバックスで二冊書きました。その後、高校数学のレベルについていけない社会人が非常に多いことに気がつき、中学数学の教科書もブルーバックスで二冊書きました。私が見る限りにおいて、社会人が数学をやり直すのに一番いい教科書です。

ただ、今日はこの教科書は紹介しません。というのは、これを使うのは根気が要るからです。今日は根気がなくてもやれるものを紹介したい。根気がなくとも学ぶことができるというのは、学ぶ環境を強制するもの。すなわち画像があるもの、講義が付いているものです。放送大学か予備校を活用しましょう。そうすれば、根気がない人でも続きます。かつその中で特にカネをかけないでやれる方法を、いろいろ考えました。私自身がやったことがあるものの中から、かつてこんなことを試した、あんなことを試したとどれが使えるかを比較検討しました。

試験対策はそれほど難しくない

具体的に学ばないといけない科目は何か、まず国語です。国語で学ぶべきことは何であるかというと、論理、ロジックと修辞、レトリックです。たとえばA＝A、これは同一律ですが、同一律違反は論理的な文章においてはやってはいけないことです。一例として「犬は動物である。犬は全身が毛で覆われた動物である」。この命題は真ですから、問題はありません。ではこれはどうでしょうか。「鈴木宗男《すずきむねお》はロシアの犬である。それゆえに鈴木宗男は全身が毛で覆われている」。記号化した場合には問題はありませんが、犬という言葉が同一律違反を起こしています。一番目の犬は動物の犬を指していますが、二番目の犬は手先という意味で使っています。そのため、これは同一律違反。こうしたロジックで正確な文章を組み立てていく、読み解いていく能力を身に付けていくことが大事です。

裏返すと、論理が崩れた文章には、必ずこうした同一律違反が起きています。「聖域なき関税障壁撤廃はない」。交渉事ですから、聖域があるはずはない。聖域は外に置いて、全部折り合いをつけていくのが交渉です。交渉をするうえで、聖域は存在しません。だからオバマさんと会ったときに「聖域はありますか」と訊《き》いたら、「ないですよ。全部俎上《そじょう》に載せて議論します」といわれる結論は見えています。最初からこういう公約を掲げているので、自民党はTPPをやるに決まっています。

次がレトリックで、これは論理とは違います。「おまえ、嘘つくなよ」と言えば、たいてい喧嘩《けんか》になります。「いつ俺が嘘ついた」と。でも「お互いに正直にやろうじゃないか」と言った場合には、相手もそれほど悪い気はしません。言いたいことは同じです。「嘘つくな」も「正直にやろう」も、内容は同じ。しかし〝お互いに〟という言葉をつけ、レトリックを行使しているわけです。こういうレトリックは、国語の問題です。

それから数学。数学も一つはロジック、論理です。もう一つは、証明と計算。この計算になると、テクネーの領域が入ってきます。技術、技法になってくる。料理でジャガイモの皮を剝《む》いたりするのと同じです。何度も訓練しないときちんとできません。このテクネーの要素があるから、数学は時間がかかります。

経済界という会社から『参考書だけで合格する法』が出ています。これは武田塾という学習塾の塾長が書いた本です。武田塾は偏差値38ぐらいの生徒でも、早慶あるいは国立大学の医学部に入れることを専門にしている予備校というか学習塾です。塾と言っても、全然教えないのが特徴。先生は参考書だけを指定して、学生のノートをチェックすることしかしません。学生がどのレベルにあるかを確認して、消化できる教材を与える方法をとっています。

たとえば東京大学に合格するレベルの数学ができるようになるには、どれぐらい時間がかかるかを計算する。全然できていない場合には、二〇〇〇時間以上かかってしまいます。それだけの時間を取るのは難しい。睡眠時間四時間で一日二〇時間やるとすると一〇〇〇日。三年間やれば数学の力はそのレベルまで到達するかというと、そういうことにはなりません。幼稚園のときから算数に馴染《なじ》んで積み重ねていくことが必要だからです。

大学入試はどのレベルの大学でも、正しい手段で勉強すれば合格します。ただし、慶應義塾大学の医学部と東京大学の理Ⅲ、日体大と東京芸大は別格です。日体大と東京芸大に合格するには特殊な才能が要ります。同じように東大の理Ⅲと慶應の医学部も、記憶力と再現力に関する特殊な才能が必要です。それ以外の大学は、一定の時間をかけて正しい手段で勉強すれば合格します。よく三〇代、四〇代になって東大に入る人がいます。あるいは東大に合格したことで満足し、大学には行かない人も稀《まれ》にいます。

それは出題者ぐらいの年齢になると、勉強の仕方がわかってくるからです。入試問題はつくるほうはつくるほうで厳しい制約があります。たとえば大学入試センター試験であれば、平均点が六〇点ぐらいになるようにつくらなければならない。平均点が七五点ぐらいになれば、簡単な問題をつくりすぎたと出題者が馬鹿にされます。逆に平均点が四〇点になれば、「なんて難しい問題を出したんだ」と叱られる。平均六〇点ぐらいを目指すことになります。つくる方は、満点は取れない問題づくりをしています。満点防止のための問題は、非常に細かい知識が必要ですが、そのようなものはやらなくても構いません。どの程度の努力でどの大学に入れるか、そのあたりを受験のプロたちはみなわかっています。

受験のプロという予備校のカリスマ教師は、意外と偏差値の高い大学出身者でない場合が多い。出題する側に立って考えれば、試験の対策は難しいことではありません。ただ、子どものうちは意味のないことでも一生懸命がむしゃらにやります。そこにエネルギーをかけてしまうので、だいたい勉強嫌いになってしまうのです。

外国語は語彙と文法。ただし一定の時間がかかる

勉強法のコツは何かというと、今の自分の欠損箇所を素直に認めて、そこからスタートすること。それはどの科目でも一緒です。弱い部分に知識を正確に積んでいく。ただし重要なのは、どれぐらいの時間をかけるかという、時間の経済を考えることです。

外国語に関しても、一定程度覚えなければいけないことがあります。高校三年生修了時点で習得しなければいけない英語の語彙《ごい》数は、三〇〇〇語ぐらいです。ゆとり教育で一番緩かったときは二三〇〇だったと思います。ところが、英語教育で詰め込みのいちばんきつかった一九五〇年ぐらいは、六八〇〇です。文部科学省の人たちが大学受験生にTOEFLを受けるように——あるいは大学を卒業する時点でも受けるように——と言いましたが、これは大学受験生にはまったく意味がありません。どうしてかというと、TOEFLに受かるためには、一万語が必要となるからです。TOEFLの試験問題を見ても、問題が読めない。何を聞かれているのかわからない。あてずっぽうの答えを書くことになるから、試験を受ける意味がありません。

そのあたりに関してきちんと書いた文献は、これもキンドルで読めます。『月刊日本《にっぽん》』という論壇誌で、英語の同時通訳者であり、NHKの英会話講座の先生も長い間されていた鳥《とり》

飼玖美子《かいくみこ》さんがインタビューに応じています。これは一〇八円です。

〈TOEFLを大学入試で活用するとなると、そもそも日本の高校生は語彙力からして無理です。自民党政権下で語彙は一貫して減らされており、1951年に上限6800語だったものが2200語まで下がり、新学習指導要領では少し増やしたといってもたかだか3000語です。これでは語彙面だけでもTOEFLには太刀打ちできません。なにしろ、TOEFLは北米の大学で講義についていけるかどうかの英語力を測る試験です。欧米の大学は、とにかく大量の文献を読ませます。そしてそれを読み込んできたことを前提に、教師が講義をし、あるいは学生による発表やディスカッションをします。そこで求められるのは、読んだり聞いたりしたことをふまえて、自分の意見を言い、その理由を述べるという英語的論理に基づく運用能力です。だからTOEFLではリーディング、ライティング、リスニング、スピーキングの四分野とも極めて高い論理的な英語力を要求しています。センター試験の英語の問題など、TOEFLに比べればおままごとです。高校卒業程度でそのレベルを求めるというのは酷というものです。〉（鳥飼玖美子「世界に通じる英語教育とは」『月刊日本』二〇一三年五月号）

非常に説得力があります。こういった話は、なかなか普通の論壇には出てきません。文部科学省でＴＯＥＦＬを受けるべきと旗を振った人や「そうだ、そうだ」と賛同した人のなかで、ＴＯＥＦＬを受けた人は誰もいないのではないでしょうか。

私もＴＯＥＦＬは受けていません。それは行き先がイギリスで、イギリスはＴＯＥＦＬが使えなかったからです。イギリスが採用しているのはＩＥＬＴＳ（アイエルツ）。ＩＥＬＴＳは筆記試験で、準備にすごく時間がかかります。私はロシア語でしたからＩＥＬＴＳは受けなくていい、というのが大使館の指導でした。ロシア語研修生は英語でロシア語の講義を聴けるような力がつけばいいんだと。仕事にマイナスになるようなエネルギーをＩＥＬＴＳにかけることはしませんでした。もし私が英語研修生だったらＩＥＬＴＳを受けていたので、ＩＥＬＴＳのやり方について皆さんにもっと説明できたことでしょう。

外国語で覚えなければいけないことは、二つしかありません。語彙と文法だけです。しかしその習得に一定の時間がかかるということです。

さらに我々が勉強しないといけないのは、歴史です。歴史の勉強は、これは次回の教養のところでもお話しすることになるのですが、類比的な思考を身に付けるために不可欠です。歴史は同じ形では反復されません。しかし構造は似た形で反復されます。類比的な表現とは、神学や仏教の経学を学ぶなかで身に付きます。たとえば、父なる神といっても、神には性別がありません。ではなぜ父という表象をするのか。それは神を父と表象した時代、父親には家族のために稼ぎ、外敵から家族を守るという機能が与えられていたからです。だからこそ、父なる神という表象が出てくる。当時のコンテクストの中から読み解いていくのです。

類比からもう少し距離が出てくると、今度は隠喩《いんゆ》的《てき》な方法になってきます。メタファーで物事を語っていきます。一言で言うと普通の表現よりもびっくりさせるような表現を用いていくのが隠喩になります。そうしたことを勉強すると、歴史の構造を見ていくことにつなげられます。

放送大学の使い方

では各論に入っていきましょう。最近、勉強法に関して質問を受けるのが多いのは数学です。数学は小学校レベルの算数がクリアできているかどうかが、一つのカギになります。ただ二分の一プラス三分の一が五分の二ということになると、別の位相の話になってきます。その位相になると、修復にものすごく時間がかかるので、数学の方向性は諦《あきら》めたほうがいいでしょう。文字をまったく読めない人が一定の年齢になってから文字を学習しようとすると、すごく時間がかかるのと同様です。だから、一つの絶対条件は、小学校のレベルの算数をクリアできていること。実は意外と怪しい場合がある。

それはともかく、小学校レベルの算数ができていることを前提にします。中学あたりから少し怪しいところが出てきた。高校数学になると文系だったので、一年生のときから放棄した。試験のときは教科書の章末問題から何題か出るはずだから、それだけ丸暗記しておけば六割は取れる。こういう人たちも多いことでしょう。その人たちがもう一回数学をやり直したいという場合、何がいいのか。

いろいろ考えてみましたが、いいカリキュラムが組まれているのは、放送大学でした。放送大学は講義がすべて一五回で終わるようになっています。それで二単位。隈部《くまべ》正博《まさひろ》さんが書いた『新訂初歩からの数学』はお薦めです。放送大学の教材になっていて、値段は三四〇〇円プラス税。発売はＮＨＫ出版で二〇一二年版です。これは数の概念から始まり、式と計算、有理数、実数、方程式と不等式、図形の性質、関係と関数、関数の性質、さまざまな関数、三角関数、場合の数、数列、極限、微分、積分と、中学レベルの数学から大学工学部一年生の秋ぐらいまでの内容を、全部網羅しています。

なぜこれを薦めたのか。放送大学は、原則としては入学しないと聴けないことになっています。ところが、いくつか無料で聴ける講義があります。これは、その無料講義の一つ。入学金を払わなくても、教科書を手に入れれば、講義を受けることができるわけです。

しかも、講義の進め方も工夫されています。アシスタントがいるのですが、この放送大学の学部と大学院を出て、放送大学で修士を取り、東京農工大で博士号まで取った人を起用しています。家庭の主婦の方だったかと思います。その方がアシスタントとして、いろいろな質問をして、ここのところを説明してくださいなど、ポイントをついたことを投げかけてくれます。大人になってから、中学レベルの数学から始めて、遂《つい》に修士、博士を取った人のプロセスが追体験できる形式になっているわけです。

これをマスターすれば、高校レベルまでの数学は大丈夫でしょう。しかも極限の定義の仕方や、自然数、あるいは写像の考え方に関してはかなり厳密です。直感に頼ったり力業でやったりする部分が少ない。当然、練習問題はぐっと少なくなりますが、大人が数学を勉強するにはいいですね。

「人間は限界がわからないものに対して恐れを覚える」

一七世紀に活躍したチェコの教育学者かつ神学者で、百科事典的なものをつくった人がいます。ヤン・アーモス・コメンスキー。そのコメンスキーが——コメニウスともいいますが——ラテン語で「人間は限界がわからないものに対して恐れを覚える」ということを言っています。重要な指摘です。

数学を勉強するとき、どのレベルまでの数学が我々に必要なのか。一五年前でしたら、数学を専門にする方やシステムエンジニア以外は、この『初歩からの数学』一冊で十分ですと言っていました。ところが今はそうは言えません。というのはありとあらゆる学問、特に経済学と社会学が数学と結婚してしまっているからです。

今や文芸批評まで数学と結婚しています。どの言葉がどれぐらいの回数、どの時期で使われているかをコンピュータに入力して、作家の単語の使い方の変遷を定量的に表す作業は、日常的に行われています。そこからどの文献の影響を受けているかを推定していくことも、日常的な作業です。数学と結婚していない分野は、ほとんど学問ではなくなっている。ひと昔前までは工学部、理学部、あるいは計量経済をやる人にしか求められていなかったレベルの数学が、日常的に要請されていると言えます。

お金を払わないで聴ける講座は客引きの講座ですから、放送大学の中でもレベルの高いものが多い。その一つが熊原啓作《くまはらけいさく》さんと河添健《かわぞえたけし》さんの二人で書いた『解析入門』という教科書です。講義は河添さんが行っています。

これは多変数関数を扱っています。他に偏微分、合成関数、テイラー展開、コーシー・リーマンの方程式、曲線の上で積分をする線積分なども扱っています。これがマスターできるレベルになれば、金融工学系のものも基本的にわかります。ただし難しいし、時間もかかる。ですからテキストを手に入れたら全体像を見て、馴染むのにどれくらい時間がかかるか検討してみましょう。どこまでこうしたものに価値観を置くか、です。変数にしても二桁《けた》の変数が出てきますが、試してみる価値はあります。

スタディサプリは使える

高度なレベルの数学的な考え方はいらない、また無限や極限という哲学的な議論にもあまり関心がない、本当に高校のレベルでいい、その代わり計算などが不得意なので、その部分を復習したいという需要もあると思います。そうした人にお薦めなのが、リクルートが配信しているインターネット予備校の「スタディサプリ」。大学センター入試を受ける人の二分の一が、このスタディサプリを購入しているといわれています。高校でやっている全科目、というかセンター試験がある科目のすべてを準備しています。政経も倫理も現代社会もあります。全一〇〇回で、どれでも見放題で一ヵ月九八〇円。

現代文、古文・漢文、世界史、日本史、英文解釈、英文法、英作文、数学ⅠA・ⅡB、このあたりの内容は充実しています。特に数学と英語に関しては、数学は五〇回、英語三〇回ぐらいに分けてその人のレベルに合わせた複数講座が開講されています。その中で数学が一番苦手な人用のコース、数学ⅠA・ⅡBが一緒になっているスタンダードレベルがあります。これは予習を一切しなくてもいい。授業の途中、計算のところが出てくると講師が言います。

「ここで止めて自分で計算してください。終わったら動画をまた再開してください」と。動画の細かい指示に従って進めていけば、高校の教科書レベルの数学知識が自《おの》ずとついていくかたちになっている。机に向かってコンピュータを開けて動画を見て、その指示に従って毎日一時間ずつ勉強する。そうすれば半年ぐらいで高校数学の二年生までのレベル、文系に必要とされているすべてのレベルを修了できるコースになっています。

ハイレベルというのもありますが、これは解き方が複数出ているという違いで、テキストは一緒です。トップレベルになると、早慶上智の文科系を数学で受けることを想定していますから、ひねった問題を処理することも出てきます。数学に対して苦手意識は強いけれど、高校レベルの基礎は押えておきたいという人には、スタディサプリのスタンダードレベルで勉強をすることがお薦めです。

今日ここに持ってきている教科書は、ただです。ホームページから申し込んで製本したものを買うと一二〇〇円ですが、すべてただでダウンロードできます。自分のプリンターで印刷するのであれば、教科書代も一切かかりません。

大人の勉強法に受験世界のものは意外と使える

同様にお薦めなのは、スタディサプリの世界史です。ベースになっている教科書は、浜島書店から出ている『世界史詳覧』。これは世界史の年表と資料集が一冊に合わさったもので、レベルとしては岩波書店の『岩波講座 世界歴史』と同程度と思っていい。そこに出ている項目には、ほぼすべて触れています。『世界史詳覧』で触れている項目を書籍に直すと、全二三巻ぐらいになります。それぐらいの内容が圧縮されている。これをベースにして先生は講義をしているのですが、たいへん面白い。「センター試験の人はここまで覚えていればいい。その先のところでトップクラスの学校を狙う人はここまで覚えてください。それから受験の世界史は年号ですから、年号を正確に暗誦《あんしょう》してください」と、ポイントになる年号の覚え方のコツなども、要領よく指導します。

受験生が興味を持てるよう、解説にいろいろな工夫もしている。たとえばポリスの説明は、「一つ一つのポリスは戦っています。皆さん受験生と一緒です。隣の人はみなライバルで、戦っている。しかし受験生という集団においては連帯意識がある。これがギリシャのポリス、ギリシャ人としての連帯です」などと、アナロジカル、類比的な説明を行います。受験生は、ポリスが置かれている状況がわかるわけです。

スパルタに関しても、なぜ軍事国家になり、スパルタ教育になったのか。それは、彼らがギリシャ人の中でもあとから入ってきた民族だから、先住の人々を軍事力で抑えなければならなかったのだと。

民主主義についても、「民主主義というのは戦争をするときに出てくる。みな平等に戦争に参加してもらわないといけないからだ。平和な時代が続くと、だんだん格差が生まれてきて、民主主義的な制度が崩れていく」と、意外と乱暴な議論ですが、史実に即して説明をしていきます。予備校の先生は通史で全体を見ていますから、大事なところは摑《つか》んでいるのです。

ビジネスパーソンが古代史・中世史・近代史・現代史についてかっちりと本を読んで勉強するとしたら、相当の時間と労力がかかってしまいます。我々は受験生ではないため、年号は細かく覚えないで構いません。動画を止めてメモを取り、練習問題を解く必要もない。テレビの連続ドラマを観るように講義を聴くと良いでしょう、一講座は約二〇分が三動画なので、一時間程度です。最も腹に入ることを、予備校のカリスマ教師の経験則に徹したところで、自由に組ませているわけです。

あなたは何科目登録しました、その内のチャプターのいくつを既に消化しています、累計の勉強時間は何時間になっていますというデータが出てくるのが、また面白い。何の科目を何百時間勉強していると、可視化される仕組みになっている。高校生を勉強させるためのありとあらゆる工夫がなされています。受験の世界と、大人の勉強法の世界は完全に離れていますが、意外と使えるものが出ているということです。

受験生相手ですから、年の初めから全部のメニューは出していません。たとえば政経や倫理は、九月ころからセンター試験の問題として出てきます。一〇月半ばからは、早稲田や慶應など、大学別の問題と傾向が出てくる。つまり、メニューを出し過ぎて消化不良を起こしてしまうことがない工夫が施されています。恐らく三月で消えて、翌年度は一からリセットになる。我々社会人でもやり切ることができなかったら、もう一回来年の四月からやり直せばついていけるようになります。

論理力をもって勉強させる勉強本

受験の勉強法の世界は面白い。勉強法に関しては、二つの傾向の本が出ています。一つは東大薬学部を出た、脳科学の本をよく書いている池谷裕二《いけがやゆうじ》さんの『最新脳科学が教える 高校生の勉強法』。これは東進ハイスクールのナガセから出ています。初版は二〇〇二年。私が持っているのは二〇一二年の一九版ですから、ロングセラーです。

この本は、中学のときは成績がよかったけれども、高校になって突然下がったという、偏差値の高い学校に行っている高校生を想定して書かれています。成績が下がった原因は、脳の構造が変わってきているからだと池谷さんは指摘しています。一六、七歳は丸暗記で覚えることができなくなる年齢で、その代わり、理解力がついてくる。だから理解しながら覚えていかなければいけないと。

がむしゃらだけでは報われない。記憶の保存期間を踏まえた復習が大切である。三つの単語をどれぐらいの期間覚えているかの実証研究も書かれています。

〈先ほどの三文字単語の暗記テストを使って、実際に皆さんも試してみると分かるのですが、二回目の学習までに一カ月以上の間隔をあけてしまうと、記憶力はほとんどアップしません。つまり、潜在的な記憶の保存期間は一カ月なのです。一カ月以内に復習しなければ、さすがに潜在的な無意識の記憶も無効になってしまいます。復習はいつやっても効果があるというわけではありません。最低でも一カ月以内に復習するようにしましょう。

　ところで、なぜ無意識の記憶には使用期限があるのでしょうか。じつは、それも「海馬」が鍵を握っています。海馬は脳に入ってきた情報の取捨選択をする工場ですが、海馬に情報が留まっている期間は、どんなに長くても一カ月なのです。海馬は情報を一カ月かけて整理整頓し、何が本当に必要な情報なのかをじっくりと選定しているのです。〉（池谷裕二『最新脳科学が教える　高校生の勉強法』ナガセ、二〇〇二年、五三頁）

一ヵ月以内の復習がなぜ必要なのか、理詰めで説明しています。眠ることがどうして重要なのかも書いています。寝ているときには記憶の仕分けが行われているからです。このような根拠をきちんと知ることで、記憶の方法を変えていくことができます。勉強の仕方を変えていくことを、説得力を持つかたちで書いているのです。学術的かつ論理力をもって勉強させる系統の勉強本が、受験参考書の中にある。勉強量との相関関係もグラフにして示しています。あるところからぐっと上がっていきますが、私の経験則に照らしても正しい。

受験は基本的に一年限りの話で、こうした勉強法を必死になって読むのは浪人生です。現役で入る人は、勉強法を研究しなくとも合格してしまいます。一年勝負でつくっている本なので、毎年お客は出てきます。だから、受験参考書市場は同じものが毎年売れる。一回ベストセラーになると、毎年ベストセラーになる。そこが他のベストセラー本とは違います。

いかにして机に向かわせるかという説教本

もう一つの傾向の勉強本は、林修《はやしおさむ》さんの『いつやるか？ 今でしょ！』。私の友人で尾崎《おざき》秀英《しゅうえい》さんという、『月刊日本』の非常に腕のいい編集者がいました。『超訳 小説日米戦争』は彼の編集です。

この『月刊日本』という会社は、編集部から出るお金が限られているため、基本的に自分の生活の食い扶持《ぶち》は自分で見つけてくるようにという、自主性を重視する会社です。彼はとても優秀な男で、東大の倫理学科を出て『葉隠』で論文を書きました。ドイツ語がきちんとできて、ハイデッガーの『存在と時間』の勉強会も開いていました。

彼に訊いたことがあります。スタディサプリは、予備校にとって脅威になるのではないかと。同じだけの講義を予備校で取ったとすると、恐らく月に四万円か五万円はかかるでしょう。それが九八〇円でできる。浪人生が予備校に使うお金は、平均で月に四万四〇〇〇円だそうです。予備校生が親に負担させてもいいと思っている額は、アンケートを取ると四〇〇〇円と出たそうです。そうすると、子どもたちは相当親に申し訳ないと思いながら予備校に通っていることになります。経済的な理由で予備校に通えないような人もたくさん出ている。そこを改善するために一〇〇〇円を切るかたちで、いくらでも科目を取れるものとしてスタディサプリは作られました。

ネットでやっているわけですから、追加コストはかかりません。契約者の数が多くなれば十分ペイでき、ビジネスとして成立します。その割を食っているのは、予備校です。河合塾《かわいじゆく》や代《よ》ゼミのサテライト授業は、明らかに割を食っているはずです。

ところが尾崎さんは「佐藤さん、スタディサプリは全然脅威にならない。そもそも予備校の通信授業や衛星の授業が脅威にならない」と言いました。というのは、スタディサプリのように人にお見せすることのできる授業は、トップクラスの学生のための授業であると。机に集中して向かう訓練ができている人たちを相手にしている。しかし、圧倒的大多数の予備校生は、その訓練ができていない。予備校は、東大・早稲田・慶應・上智に入る人たちには最初からチケットを配ったり特待生にしたりして、そこでは商売をしていないというのです。本来の商売の相手は、そこに至らない生徒たち。そこで重要になるのが、いかにして机に向かわせるかという説教です。説教系の勉強の本が、林さんの本なのです。

〈「いつやるか？　今でしょ！」

今、何をやるべきかがわかったんでしょう？　なら、いつ走り出すの？　今しかないでしょう？　この言葉には、そういう想いが凝縮されています。いつ、どこで発したのかの記憶が定かでないですが、それは表現は違えど、いつもそういう言葉を生徒に投げかけてきたからです。僕にとって、あまりにも当たり前の言葉だったからです。〉（林修『いつやるか？　今でしょ！』宝島ＳＵＧＯＩ文庫、二〇一四年、七〜八頁）

あまり机に向かう習慣のない生徒たちを相手に、「いつ漢字を覚えるのか、今でしょ」と、はっぱをかけ続けてきた。ここに来ている方は、林さんの本から勉強法として得るものはほとんどないでしょう。つまり、勉強法の本には二つの系統があるということです。

ロシア語の達人の先輩からのアドバイス

外国語に関しては、とにかく文法と単語です。日本の第二外国語の教科書は、不思議な教科書です。通常の語学の教科書なら中級レベルに至るところを、三〇回ぐらいの講義で詰め込んでいる。しかも単語数が異常に少ない。スケルトン、骨だけという感じです。肉も付いていなければ血も流れていない。ただ、言語学者が教えるのに使うにはいい教科書です。フランス語・ドイツ語・ロシア語・スペイン語・中国語などの基本構造がどうなっているかを押える点ではよくできている。しかし実用性としてはほとんど使えません。試行錯誤して、実用的にも役に立つような教科書をつくっている先生もいますが。

ロシア語でも酷い教科書があります。ロシア語は変化が複雑なため、一年の講義時間から割り振ってやるなら複数形は無理だと、単数形だけでつくった教科書がその一例です。ロシア人の世界にも複数形はあります。単数形だけの例文しかない教科書では、大丈夫ではないでしょう。

私自身の体験を話すのが、一番いいと思います。私は大学で少しロシア語を学んでいました。外務省に入って、研修の内部振り分け試験では上級クラスに入りました。私は、研修先にはモスクワ大学に行きたいと希望を出しました。外務省の研修期間は二年。二年間、ロシアに行って集中的に研修したいと思ったのですが、ロシア語の達人の大先輩から強くいわれました。「君のロシア語力はモスクワでやっていけるぎりぎりのレベルだ。東京外国語大学や上智の外国語学科で専門的にロシア語を学んだわけではないから、文法などにデコボコがある。だから、イギリスかアメリカに行ったほうがいい。特にイギリスに行くことを勧める。イギリスの学校できちんと勉強したほうがいい」と。

もう一つ言われたのは、「大変だけれど、イギリスやアメリカに行くと英語でロシア語を勉強することになるから、自ずと英語の訓練にもなる。モスクワ直送になると、どうしても英語に対する苦手意識が出てくる。外務省の仕事のウェイトは、実はロシア語よりも英語のほうが高い。どんな特殊語でも英語のウェイトは非常に高いけれど、特殊語の人たちは英語の仕事になると逃げてしまう。イギリスやアメリカに一年行っていると、逃げることはできない。心理的に自分を追い込むためにも、イギリスかアメリカに行ったほうがいい」

そのアドバイスを受けて、アメリカには行きたくなかったため、イギリスに行きました。

今になると、アメリカのほうがよかったかなと思っています。なぜかというと、アメリカは逮捕歴があると入れてくれないからです。入国の欄に逮捕歴があり、そこにチェックをすると入国させてくれません。逮捕歴があると観光でもビザが必要です。このビザの申請には、判決書の英訳を出さなければなりません。痴漢で捕まってすぐに認めた、という判決書でしたら二枚か三枚、何日に劣情をもよおし痴漢をして、という内容を訳せばいいだけです。私の場合は最高裁まで争いましたから、判決書はA４版で二五〇枚もあります。これを翻訳してもらうと、一ページ四万円から五万円かかりますから、ビザの申請だけで一〇〇〇万円以上。誰が一〇〇〇万以上かけて行くかという話になります。嘘をついてアメリカ領に入国しようとすると、捕まってしまいます。

ちなみにアメリカに行かれた方たちは、入国カードのチェック欄で「ナチス関係の運動に関与していません」という項目があったのを覚えているでしょうか。そこにチェックをしないと、ナチス関係者だということで、入国を拒否されます。「ナチスの手口から学ぶべきだ」などと言っている人は、アメリカへの入国はできません。それぐらいナチスの話は大変なのです。

カネを払うということは重要である

話を戻します。先輩の教えを受けて私はイギリスに行きました。まず、語学学校に入れられます。これはバッキンガムシャー州のレインエンドというところにあるＥＪＥＦ・欧日交流協会という名前が付いている株式会社でしたが、ここは、本当にいい学校でした。プリンセス雅子《まさこ》が、一年あとにその学校を出ています。クラスが能力別に分かれていて、午前中は主として読む作業。午後は会話ですが、結構ビデオ教材を使いました。イギリスのテムズテレビやＢＢＣで放送しているドキュメンタリーの連続番組のいくつかをベースにして、反復させたり単語のテストをしたりします。それからディスカッションをさせる。そうした訓練を徹底して行います。カリキュラムが組みこまれたなかで、一ヵ月少々。ホームステイ先は、中産階級の中かちょっと下ぐらいのレベルの家を選んでいます。そういう家だからこそ、毎日英語をしゃべらざるを得ない環境になる。

そのときのことは『紳士協定　私のイギリス物語』という本に詳しく書きました。最初の四十何日間の研修で、語学とはこのように学ぶのかと、よくわかりました。要するに、自分の能力より二割を超えるぐらいのところに課題を持っていくのです。常に過重負担がかかる状態です。しかし、土日を使うと必ず復習できるレベルのため、消化しないで諦めることにはなりません。

イギリス人は面白い人たちで、一週間に五日働くと疲れて死んでしまう。息切れがする。だから、水曜日の午後はお休み。そのような具合にメリハリをつけて勉強するリズムは、その語学学校で身に付けました。

そのあとに行ったのは、軍隊の学校です。軍隊の学校では、一〇ヵ月ぐらいで東京外国語大学三年生修了くらいのレベルに持っていきます。東京外国語大学や上智大学などと違うのは、カリキュラムが日にちごとに組まれていて、毎日二五から二七の単語を覚えることです。五つから七つのフレーズも覚えます。試験は一週間に一回あります。これは単語と露文英訳の小試験で、九〇点以下を二回取ると退学です。

一ヵ月半ぐらいでユニットが一つずつ進んでいきますが、ユニットの終わりには期末試験に似たような試験があります。これも八五点を切ると即退学。なぜそこまで厳しいかというと、語学には適性があり、この進度でついていけない人は語学の適性がないということだから、あなた自身の時間を無駄にする。イギリス国家としてもカネをどぶに捨てることになる。だから、退学を勧告するということです。

軍隊の学校に入ると、全員ロシア名になります。学校には下士官から将官級までがいます。軍隊の中の秩序が教室に持ち込まれると、語学の授業ができなくなってしまう。だから敬礼もないし、上官の前で直立不動の姿勢をとるということもない。少将と軍曹が「おまえ、俺」で話し合う特殊な空間をつくるため、ロシア名をつけるわけです。私は「ミーシャ」という名前をもらいました。

講義は一週間に五日です。朝八時から始まって一二時までが文法の講義、一時間の昼休みがあって、午後一時から三時までが会話の集中授業。そして、終わるのに六時間くらいかかる宿題が出ます。敷地内にある将校宿舎に住まないと、睡眠時間がなくなってしまいます。敷地内に住んでぎりぎり処理できるという、それぐらいの量の宿題が出るのです。授業料がとにかく高かった。一週間の授業料は当時一八〇ポンド。当時一ポンド二五〇円の時代ですから、一週間で五万円ぐらいです。プラス将校宿舎の宿泊費が週一四〇ポンドでしたから、三二〇ポンド、八万円が毎週出ていくわけです。月三二万円。外務省から借金をしないとやっていけない負担です。その借金は、モスクワで二年ぐらい勤務しないと返せない額ですから、女工哀史みたいな世界で簡単には辞められません。このような仕組みになっているのです。

ただ、カネを払うということは非常に重要です。これだけのカネを払っているから取り返さないといけないと思う。そうした仕組みの中で、徹底してロシア語の基礎を叩《たた》き込まれなければ、きちんと使っていけるようにはならなかったと思っています。

フィリピンは語学学校のレベルが高い

そうしたロシア語研修を受けた外務省の中で、仕事できちんと通訳ができる力を維持できる人はどれぐらいいるかというと、全体の五%くらいです。これは実務上、きちんとした外交のレベルで使えるということです。語学とはその程度の歩留まりなのです。コミュニケーションが取れるということなら、研修をやれば、みなできるようになります。新聞を読んで意見交換をすることも四割ぐらいの人ができると思います。

高度な情報を取るには、ロシア語が完璧《かんぺき》にできることが前提になります。ロシア語が完璧な人は全体の五%。その中で情報を取る適性のある人は五人に一人ぐらいです。だからプロの情報分析員は一〇〇人に一人ぐらいしか出てきません。二〇年に一人ぐらいしか生まれない。それぐらいのものです。だから日本版の情報機関をつくってロシアや中国や朝鮮の専門家をつくるといっても、そう簡単に情報の専門家は生まれてきません。裏返して言うなら、今言ったような英語の研修体制、ロシア語の研修体制と同じような形で英語を勉強すれば、誰だって二年ぐらいすればインターナショナル・ヘラルド・トリビューンをきちんと読めるレベルに達するということでもあります。意見交換もできるようになります。

最近では、衆議院議員だった石川知裕《いしかわともひろ》さんの例があります。石川さんは参議院選挙のときに、立候補してもろくなことはないということで、フィリピンに滞在していました。フィリピンは実は語学学校のレベルがすごく高い。イギリスやアメリカに留学する三分の一ぐらいの費用で、同レベルのカリキュラムのコースの勉強ができる。日本人と韓国人はフィリピンにとってはいいお客さんです。特に、韓国人はコストをかけずに最大の成果を得たいと、たくさんフィリピンに行きますから、日本人よりもいいお客さんです。もちろん先生は、アメリカ人やイギリス人。街に出ることもほとんどできないくらい徹底した缶詰で、授業を組んでいます。

その結果、ＴＯＥＩＣで最初は五四〇ぐらいだったのが、二ヵ月半で九〇〇点、低くても八六〇か七〇くらいの点数を取れるようになります。二ヵ月半ぐらいでそれほど力が付くわけです。日本でのんべんだらりんと二年間語学学校に通っても、そこまでの向上はなかなかしません。思い切って、フィリピンに二ヵ月半行くことは、英語の基礎力を付ける意味ではいいといえます。ただし、一ヵ月以内に復習しないといけません。一ヵ月以上放っておいたら忘れてしまうからです。常に英語に触れる環境をつくっておくこと。外国語に関しては、それが大事なポイントです。

ロシアの歴史教育のレベル

これまで日本の姿について話をしましたが、国際的な中等教育レベルの教育はどうなっているのかを話したいと思います。比較するためには、やはりその対象が日本語で訳されていないとならない。比較できるのは歴史しかありません。明石書店『世界の教科書シリーズ』では、韓国、中国、タイ、ブラジル、ポーランド、ドイツ、コスタリカ、ブータン、イタリア、インドネシア、ベトナム、イランのシーア派イスラム学。また、ドイツ・フランス共通歴史教科書、現代史ですね、それに加えて韓国近現代史、メキシコ、スイス、キューバ、フィンランド。フィンランドは、今世界で一番教育水準の高い国です。まだあります。フランス、ロシア、イギリスなどの歴史教科書をすべて訳して出版しています。

ロシアの歴史教育はどのようになっているのか。まず、ロシアは一一年制です。中等教育は一七歳、日本で言えば高校二年までになります。小学校五年生で「古代の世界史」から始め、小学校六年生・中学校一年生・中学校二年生・中学校三年生の四年をかけて「ロシア史」を勉強します。「中世史」、「近代史」も並行して学びます。「ロシア史」の教科書は上下巻で、日本語にすると合計一四〇〇ページの歴史の教科書を勉強しています。そのレベルは、日本の大学の教養課程のレベルに匹敵します。

たとえばソ連の対日参戦、『ロシアの歴史【下】19世紀後半から現代まで』を見てみましょう。

〈ドイツの敗北は、第2次世界大戦の終結とはならなかった。戦争は、アメリカ、イギリス、中国が日本と戦っていた極東で継続していたからである。

連合国としての義務を果たすためにソ連は8月8日に日本に宣戦布告し、その後、満洲に配置されていた100万の日本関東軍に潰滅的な攻撃を加えた。2週間のうちに

A・M・ヴァシレフスキー陸軍元帥の指揮下で、ソ連軍は日本の主要兵力を壊滅させ、中国北東部のハルビン、奉天だけでなく、遼東半島の旅順と大連、平壌も占領した。ソ連軍の上陸作戦で、南樺太と千島列島が解放された。

1945年9月2日に東京湾上のアメリカの戦艦「ミズーリ号」で、日本は無条件降伏文書に調印した。〉(アレクサンドル・ダニロフ、リュドミラ・コスリナ、ミハイル・ブラント著　吉田衆一、アンドレイ・クラフツェヴィチ監修『世界の教科書シリーズ32　ロシアの歴史【下】19世紀後半から現代まで　ロシア中学・高校歴史教科書』明石書店、二〇一一年、五二四頁)

こうした記述で、八月一五日はありません。日ソ中立条約の侵犯に関する記述もありません。しかし積極的な嘘の記述もない。九月二日にミズーリ号で日本が無条件降伏文書に調印したのは事実ですし、八月八日にソ連が日本に宣戦を布告したのも事実です。連合国としての義務を果たすというのは、ヤルタ・ポツダムで要請されていましたから、これも事実です。つまり、事実のどこを摘《つ》まんでいくかということです。

この戦争の意義についてどう書いているか。

〈◆第2次世界大戦の結末

第2次世界大戦は、戦争を開始した国の完敗と降伏に終わった。戦争の勝利は、全世界的で歴史的な意義をもっていた。侵略国の強大な軍事力は壊滅した。

ドイツ、イタリア、日本と他のヒトラー同盟国の敗戦は、厳格な独裁体制の破滅を意味した。

ドイツと日本に対する勝利により、ソ連への好感度は世界的に上昇し、わが国の権威ははるかに高まった。

ソ連軍は世界でもっとも強力な軍として戦争を完遂し、ソ連は2超大国のひとつとなった。

前線と銃後の人々の比類無き勇気と英雄的行為が、ソ連の勝利の主要な原動力となった。

対独戦、対日戦の勝敗は、ソ連―ドイツ戦線、ソ連―日本戦線で決していた。ソ連―ドイツ戦線だけでも、敵の607個師団が壊滅した。ドイツは、対ソ戦で1、000万人以上（総戦死者の80％）、大砲16万7、000門、戦車4万8、000両、軍用機7万7、000機（全兵器の75％）を失った。

戦争は、共通の敵と脅威との闘いのなかで、様々な国や民族が団結できることを示した。戦時下における国々の共同行動の経験は、一方で、今日の国際テロリズムとの闘いの状況において貴重かつ喫緊のものとなっている。

勝利は膨大な犠牲のうえに獲得された。戦争は、兵士と将校1、000万人を含む2、700万人の命を奪った。銃後では、400万人のパルチザン、地下活動家、一般市民が殺された。600万人以上がファシストの拘束下にあった。〉（前掲書、五二四～五二五頁）

そしてスターリンの演説が入ってきています。日本の歴史教科書と比べると、非常に細かいことがわかります。この教科書の全部を暗誦し、復元できるようにすることがロシアの歴史教育の基本です。

その上でこんな質問が出てきます。

〈◆質　問◆

1. 地図を使って、1944年の「スターリンの10の攻撃」について説明してください。
2. 赤軍の外国への進軍にはどのような理由がありましたか。
3. 第2次世界大戦の戦闘のなかで、どの戦いが勝利のためにもっとも重要性をもっていたと考えられますか。また、それはなぜですか。
4．大祖国戦争におけるソ連の勝利の主要因は何でしたか。
5．いつ、どのような協定によって戦争終結に至りましたか。それはどのようなものですか。
6．勝利の代償はどのようなものでしたか。〉（前掲書、五二六頁）

これが期末試験に出る問題。期末試験は筆記ではなく口頭で、各章ごとにこうした質問が出されます。この質問がカードになっていて、生徒に引かせます。ここから三問引きなさいと、引いた質問を読ませて、口頭で答え合わせをします。全文暗誦していないと対応できません。しかもロシアの通知票は一週間に一回出るかたちになっていて、金曜日は通知票が出る日となります。五段階絶対評価で、三以下を取ると、なんと恥ずべきことよと名前が貼り出され、親は呼び出しを受けます。最終的には教師の責任になってしまいますから、教師も三以下の生徒が出ないよう、しっかり教えていきます。

基礎教育、中等教育レベルが国家の基礎体力を決める

教科書が分厚いということは、教師の裁量権はほとんどないことを意味します。とにかく

覚えろ、力業で覚えろと。当然、覚えられない子どももいますが、その子たちは中学校二年生で一般高校からペーテーウーという職業教育専門学校に転校させられます。日本で言う職業訓練所です。そこで旋盤のやり方や道路工事の砂の積み方、セメントの作り方といったことを教わります。

さらに次は課題があります。これは大学入試に出るであろう問題です。

〈◆課　題◆

1．アメリカ人外交官のA・ハリマンによると、1941年9月にスターリンは彼にこう言いました。「ロシアの人々がわれわれのために戦っているというような錯覚は全くない。彼らは母なるロシアのために戦っているのだ」。

スターリンのいう「われわれ」とは誰か、推測してください。これを引用して、「大祖国戦争」という概念を再度考えてみてください。この戦争はどのような特徴をもっていますか。1812年のもうひとつの祖国戦争に関するA・S・プーシキンの言葉を参考にしてください。「君は覚えているだろうか。次々と兵士たちが通り過ぎていき、兄のような人々を見送ると、私たちは悲しみに沈んで学び舎に戻る。死に向かう彼らをうらやみながら」。〉（前掲書、五二六～五二七頁）

大祖国戦争に対して、祖国戦争とはナポレオン戦争です。二番目の課題。

〈2．1945年、イギリスの雑誌に、次のような記事が掲載されました。「ドイツの決定的な失敗のひとつは、多民族国家ソ連に結束力が欠如していると錯覚し、祖国のために戦うロシア人の愛国精神を過小評価したことである」。この問題に関する自分の考えを述べてください。

3．「偉大な勝利の代償」に関するレポートを準備してください。勝利の代償にはどのようなものがあるか考えましょう。

4．第2次世界大戦と大祖国戦争の教訓という難問をクラスで議論しましょう。

5．ソ連―ドイツ戦線は、第2次世界大戦の主要戦線でした。これを論証できる要因をあげてください。〉（前掲書、五二七頁）

このレベルを中学生がしています。現代史を見てみましょう。

〈◆質　問◆

1. V・V・プーチン大統領への大衆的支持は、何によって説明できますか。
2. 2000〜2003年にプーチン大統領が行ったロシア国家の強化に関するどのような方策がもっとも重要だと考えますか。それはなぜですか。
3. プーチン大統領と政府のどのような行動が、2000〜2003年のロシア社会における社会的、経済的、政治的改革の深化を物語っているのでしょうか。
4. 近年、ロシアの外交政策はどのように変化しましたか。どのような外交政策がもっとも成功した成果と考えますか。それはなぜですか。
5. 政治、経済、文化におけるどのような新たな現象が、ロシアの復興であると言えますか。

◆課　題◆

1. 本文中で引用された題材を用いて、V・V・プーチン大統領が近年中に実現する必要があると考えている改革のリストを作成しましょう。リスト中のそれぞれの改革は、どのような目的を追求していますか。
2. 社会的・政治的安定の達成は、過去2年間のもっとも重要な成功のひとつと認識されています。なぜ現代ロシア社会がそれほど強く安定を求めているのか、クラスで議論しましょう。安定は何によってもたらされますか。何のために安定が必要なのか、改革の成功のためなのか、あるいは改革から徐々に脱却するためなのか、考えましょう。大統領と政府は、この問題に対してどのような立場をとっていますか。本文中やマスメディアの資料を用いいましょう。〉（前掲書、七一四～七一五頁）

こうした演習をロシアの中学生は日常的にやっています。ロシアの歴史であるから、愛国的な視座であるのは当然である、という前提で行われています。ロシア人は自分たちの歴史観にバイアスがあることは知っていますから、そのへんは偏差を知って見定めています。この歴史教育を終えた後、一〇年生は世界の文化史を勉強します。一一年生は現代国際政治史。ここで中等教育が修了します。

率直に言うと、ロシアの中等教育は日本の高等教育と同じレベルです。数学に関しても、文科系でも先ほどの『解析入門』の三分の一ぐらいは、中等教育で学びます。ロシアの数学教育は英米と比べても、義務教育で要請されているレベルが著しく高いといえます。なぜロシアでＩＴが急速に発達しているのか。ロシアで基礎教育を受けた人々がイスラエル経由でアメリカのシリコンバレーに行き、なぜシステムエンジニアとして成功しているのか。その理由がわかります。基礎教育、中等教育レベルが国家の基礎体力を決めるのです。

イギリス進学校の歴史教科書

ロシアと対極的なのがイギリスです。イギリス史の教科書は薄い。進学校で使われる教科書のタイトルは『The Impact of Empire』（帝国の衝撃）。イギリスは教科書検定がまったくありません。ロシアも自由に教科書を出せることにはなっていますが、実際は国営の旧教育出版の教科書が九割以上を占めています。事実上の国定教科書です。イギリスは、一一歳から一四歳まで、三年かけて一冊です。

たとえばイングランド人によるロアノーク入植について書かれた部分があります。アメリカ本土のそばにはロアノークという小さな島があり、そこにイギリス人が入植しました。ところが現地の先住民たちとの対立が起きて、そこから撤退することになります。それに関する記述ですが、細かい話ですから読んでみましょう。ロシアとの決定的な教育法の違いがわかります。

〈◆血塗られた結末

ウィンジナ首長は、イングランドの入植者たちを追い出すことが唯一の解決法であると決意しました。ウィンジナは、本土にある拠点に戻りました。そして部下たちに向って、入植者のために仕かけてやった魚を捕らえる罠を破壊せよと命じました。入植者たちが衰弱しているところにつけ込んで、ウィンジナはイングランド人の要塞を攻撃する計画を立てました。

ラルフ・レーンは、イングランドの入植者と仲良くなったひとりの先住民の口から、ウィンジナが計画している襲撃のことを耳にして、先制攻撃を仕かけることにしました。1586年6月1日の夜明け、レーンは27名の部下を連れて浅瀬を渡り、本土にあるウィンジナの拠点に向かいました。かれはウィンジナと話がしたいだけだと嘯《うそぶ》いてみせました。レーンとイングランド兵が村に入ると、ウィンジナと数人の長老がキャンプファイヤーの周辺に座っているのを発見しました。兵士らはマスケット銃を構え、男たちの集団に向けてまっすぐに発砲しました。

ウィンジナは、銃弾が命中した最初の人物でした。入植者はかれが死んだものと思いました。しかし、首長は突然さっと立ち上がり、森のなかへ逃げていきました。兵士の一団がかれを追いかけました。兵士のひとりがウィンジナの姿を捉えて、ピストルを発砲しました。銃弾は尻に命中したものの、ウィンジナはそれほど傷を負わずに逃げ続けました。ウィンジナはほとんどの追手を振り切りました。兵士がふたりだけ何とか追いついていきましたが、かれらは重装備で、森を駆け抜けるのは難しいと感じていました。ラルフ・レーンは、ウィンジナが生きているかどうかわからず、村で心配そうに待っていました。長い時間が経ち、疲れ切ったふたりの兵士が森から姿を現しました。レーンは、そのうちのひとりが手に何かをしっかりと握っているのを見つけました。それは血塗られたウィンジナ首長の首でした。

ウィンジナの死は、イングランド人の植民地が先住民の攻撃から安全になったことを意味していました。しかし、イングランドの入植者と先住民のあいだの良好な関係は、これで崩れ去ってしまいました。それでもこのことは、結局はロアノークの入植者たちに何の影響も及ぼしませんでした。なぜなら入植者たちは、数日のうちにイングランドに帰還することになったからです。イングランド初の植民地は、こうして放棄されることになりました。

植民地の放棄

6月10日、入植者たちは素晴らしい光景で目が覚めました。23隻のイングランド船が海岸沿いに碇《いかり》を降ろしていました。サー・フランシス・ドレイクが艦隊を引き連れて、ローリーがロアノークに建設し、餓死寸前のところにあった植民地を救済するためにやってきたのです。

ロアノークからの引き揚げ作業は大混乱となりました。ほとんどすべての図表、メモ、地図、標本、絵画、種子などが海に投げ捨てられました。しかし、かれらがこの地に残していったものは、これら投げ捨てられた「新世界」に関する記録だけではありませんでした。ドレイク艦隊は3人の入植者を島に残したまま、嵐がやってくる前に急いでイングランドに向けて出航してしまったのです。これらの人びとがその後いったいどうなったのか、今日までずっと謎に包まれています。

1586年、こうしてイングランド初の植民地は失敗に終わりました。そののちも数年にわたってほかの入植者の一団が、アメリカへの定住を試みることになります。最終的にかれらは成功を収めました。17世紀のあいだに、アメリカ東海岸に沿ってひと続きにヨーロッパ人が建設した植民地が発展していきました。そしてより多くのアメリカ先住民が、白人からもたらされた病気や銃によって命を絶たれていったのです。〉（ジェイミー・バイロン、マイケル・ライリー、クリストファー・カルピン著　前川一郎訳『世界の教科書シリーズ34　イギリスの歴史【帝国の衝撃】　イギリス中学校歴史教科書』明石書店、二〇一二年、二〇〜二一頁）

これに続いて、アクティヴィティーというところで、三人の生徒たちが議論をしたことが記述されています。三人のうち二人は有色人種です。一番目の女の子が「ロアノークが失敗したのは入植者たちの準備があまりにもお粗末だったからだわ。それははじめから失敗する運命だったのよ」という。真ん中の男の子は「ぼくは同感できないな。多くの点で入植者たちはたんに運がなかっただけじゃないかな」。もう一人、彼は黒人です。「僕は、君たちふたりが重要な点を見逃していると思うよ。ロアノークが失敗したおもな原因は、何人かの入植者たちがアメリカ先住民に対して示した態度や振る舞いだったんだ」。

この三つの議論を出して、「植民地の失敗についてよく考えてみましょう。それぞれの意見を支持する事例を見つけてください」と打ち出している。最後のアクティヴィティーは下記です。

〈歴史雑誌の編集者が、次号の記事の執筆をあなたに頼んできました。タイトルは「イングランド人は初めて建設した植民地でどんな過ちを犯したのか？」です。本章のアクティヴィティーで使ったメモを利用して、記事を書いてみてください。つぎの点に注意することで、より優れた記事が書けるでしょう。

◆ロアノークの物語を興味深く語る。

◆何が失敗だったのか、あなた自身による明確な説明をおこなう。
◆あなたの記事にとって興味深い絵を3点選ぶ。〉（前掲書、二一一頁）

イギリスでは、これを中学生にやらせている、自分たちで書かせているのです。

日本の受験型とは異なるアプローチの人材育成

日本の歴史教科書から考えると、このようなことを日本で扱ったらとんでもない自虐史観だという話になるでしょう。しかし、次のページで何を扱っているのか。

〈「いつの間にか支配者になった者たち？」：イギリス人はいかにインドを支配するようになったのか？
――答えを見つけるために東インド会社貿易ゲームをしてみましょう〉（前掲書、二一二頁）

アイルランドやインドについては、冒頭から次のように展開します。

〈第9章　アイルランド：なぜ人びとはアイルランドと大英帝国について異なる歴史を語るのか？〉（前掲書、一〇二頁）

〈第11章　帝国の終焉：なぜイギリスは1947年にインドから撤退したのか？——マウントバッテン卿に宛ててインド独立を認めるように説得する手紙を書いてみましょう〉（前掲書、一二二頁）

最後に出てくるのは、最初のものとまったく同じ、ロンドンにある極普通の街、風景です。ベンガルスパイスやトラベルエージェントなどいろいろなお店があります。そしてこうつなげられます。

〈これは、この本の最初にあなたが目にした通りの光景です（6〜7ページ）。今回はより多くの点が明らかにされることでしょう。

通りの光景を注意深く眺《なが》めてみましょう。大英帝国と何らかのかたちで結びつくような点を、あなたはどれだけ多く見つけることができたでしょうか？　少なくとも15個くらい、いやそれ以上の何かを見出すことができたかもしれません。そうして見出したひとつひとつの点を、この本のなかで出てきた特定の物語と結びつけることができるかどうか、ぜひ考えてみてください。

もちろん、これはたんにひとりの作家が描いた絵画に過ぎません。しかし、何が重要なのかといえば、いったいどのようにして大英帝国が、あなたの現実の世界と、そのなかでのあなたの生活のありようをかたちづくってきたのかと意識することなのです。

歴史は死に絶えません。過ぎ去ろうともしません。歴史はすべてわたしたちのまわりに存在しているのです。〉（前掲書、一四二〜一四三頁）

こういう結びで終わっています。我々は大英帝国の遺産を今も引き継いでいる。それはこうして生活の中に埋め込まれているんだ、と。実は我々も同じです。我々が餃子《ギョーザ》を食べるようになったのは、大日本帝国の遺産があるからです。日本が満州《まんしゅう》に進出しなければ餃子は入ってきませんでした。このようにいろいろな違いが各国であるのに、我々は教えてもらっていないため、何が大日本帝国の遺産かまったく意識しないで暮らしています。イギリスは暮らしのレベルからきちんと歴史として教えていっているということです。

イギリスでは、この教科書はエリートの予備軍用です。ロシアは一般の大衆用。それぞれの方法は違いますが、日本の中等教育の受験型の教育とは、異なるアプローチをしていることがおわかりでしょう。こうした教育によって鍛え、生き残る人材の基礎をつくっている。ここに目を向けていくことが、次回の教養の問題とも関わってきます。

二〇代から七〇代までの方が、この講座にはいらっしゃいます。特に私より上、五〇代より上の世代の人にとっては、教養を身に付けると同時に、その教養や知識をどのように次の世代に継承していくかも、重要な課題になっています。

イギリスやロシアは、国家あるいは社会が歴史の継承を、システムとして埋め込んでいます。教科書の中にそれがよく表れている。日本の歴史教科書は事実の羅列だけで、立場がありません。どの国の歴史なのかよくわからない。世界史というのは決して一つではなく、史料選択のところで既に歴史観が入っています。ところが我々は、中立的な世界史があると勘違いしています。

（二〇一三年一〇月五日）

第四講　教養とは何か

カレル・チャペック『山椒魚戦争』

「教養とは何か」という大きな問題を立てました。結論から言うと、教養をつけるためにマニュアル的にできることはありません。マニュアル的なものは教養とは結びつきません。各論で何かの分析や、何かの作品を読んだときに、それが教養に裏打ちされているかどうかがわかること。それが、教養に結びついた話ということです。

逆に言うと、今は教養に裏打ちされていない議論が非常に流布している状況です。それを脱構築していくのはなかなか難しい。たとえば選挙にしても、選挙前の世論調査と実際の選挙結果が、ほぼ完全に一致します。当確が八時に出ます。出口調査と完全に一致しているのは、人間の行動が読めるようになってしまっているということです。想定されるようにしか動かないということです。

現下の状況について理解するなら、カレル・チャペックの小説『山椒魚《さんしょううお》戦争』を読むのがいいでしょう。これは古典になっています。オリジナルはチェコ語ですが、英語版はじめ、各国で刊行されています。

一九三八年に、チェコはナチスドイツによってズデーテン地方が併合され、国家解体に向かっていきますが、直近の一九三六年まで、当時最も読まれていたリベラル系の新聞「リドヴェー・ノヴィニ」、直訳すると国民新聞に連載されていた小説がこの作品です。日本で言えば朝日新聞に相当する新聞です。栗栖継《くりすけい》の訳で岩波文庫から出ています。

チャペックは、ロボットという言葉で有名です。ロボットは、チャペックによる造語です。ちなみにロボットについて話しますと、ロボットはプラハの街のユダヤ人街にある伝承から生まれています。あるラビ（ユダヤ教の教職者）がゴーレムという人造人間を作りました。ゴーレムは粘土から作った人間で、食べることも飲むこともなく、眠ることもなく、人間の手助けをします。しかし、頭に記号が付いていて、その記号をはずして一週間に一回粘土に戻さないといけません。あるいは行動をストップさせないといけない、という決まりがあります。それを忘れると、どんどん肥大してしまうのです。あるとき、ラビが土曜日にシナゴーグに行くので慌てていたため、封印をしませんでした。ゴーレムは巨大になり、家や街を破壊し始める。このような話です。この物語を原型として、チャペックは『ロボット』という戯曲をつくりました。

さて『山椒魚戦争』。スマトラ島の周辺で大山椒魚が見つかります。大山椒魚は手を器用に使うことができる。動物行動学では、手をどの程度使うか、口をどの程度使うかによって、動物のカテゴリー分けをしています。人間は、最も手が器用な動物です。サルもそうです。口に完全に依存している動物は何か。最も口に依存しているのはクジラです。犬と猫を比べると、猫のほうが手への依存度が高い。一般論としては、手への依存度が高い動物のほうがいろいろな複雑な行動を取ることができます。この本に出てくるのは、手を上手に使う山椒魚です。

その山椒魚が潜って真珠を取ってきます。これは金儲《かねもう》けになると山椒魚をどんどん養殖する。山椒魚は大変な学習能力があり、そのうち言語能力を身に付け始めます。ロンドン動物園にその山椒魚を飼っていたら、いつの間にか新聞を読むようになりました。飼育係のおじさんが山椒魚に掃除をさせてサボっていたら、飼育係のおじさんが読んでいた新聞を山椒魚が読むようになります。

言語能力を身に付けたアンディという名前の山椒魚は、「大陸はいくつありますか」「名をあげてみてください」と聞かれたら、「五つです」「英国その他です」と返す。「その他、というのは?」「ボルシェヴィキとドイツ。それに、イタリアです」という。タブロイド紙を読んでいるイギリスの労働者階級の標準的な世界観を表明する。

急速に頭脳が発展し、百枡《ます》計算どころではなく、暗算で五桁《けた》の掛け算もできるようになります。五桁の掛け算であれば、人間でも訓練すればできますが、それぐらいのレベルに上がる。山椒魚には国家の義務教育によって技術教育や軍事訓練が行われ、山椒魚の土木や軍事技術はものすごく進みます。他の特徴としては、トランスセンデントノのような長い言葉が発音できない。RとLの発音も区別ができない。山椒魚は国際社会においても力が強くなり、国際連盟のような海洋諸国の会議において、日本は有色人種の代表である日本人が山椒魚の委任統治を行うべきだと提案します。要するに、ヨーロッパ人の持っている日本人のイメージが、山椒魚に仮託されているわけです。

最後、山椒魚は人間に対して戦いを挑んできます。我々は最後の平和を確立するための戦いをしなければならないと。どんどん、どんどん土地を崩して海にしていき、要塞《ようさい》を造っていく。それを仕掛けたのは、チーフ・サラマンダー（山椒魚総統）です。実はチーフ・サラマンダーは人間で、山椒魚の振りをしています。第一次世界大戦中は、曹長をしていたらしい。それが、があがあ声でラジオで世界に演説するのです。「みなさんの世界を解体するため、われわれと協力していただきたい」。そうこうするうちに、チーフ・サラマンダーグループとキング・サラマンダーグループに分かれ、山椒魚同士での世界戦争が始まります。ところが、山椒魚だけにかかる鰓《えら》ペストという病気が蔓延《まんえん》して、山椒魚は一匹残らず滅びてしまいます。その後、人類はどうなるのか。著者が最後に登場し、「それからのことは、ぼくにも分からないよ」と言って終わる作品です。

普遍的なものへの関心がない山椒魚

あの中に出てくる山椒魚たちは個別に分断され、文学や芸術に関するテクネー、技術的な知識は持っていますが、見えないことや普遍的なものに至るエピステーメーへの関心がありません。つまり、普遍的なものに関心がなくとも、人類は発展していくということです。

あるパンフレットが出てきて、大きな警告をします。エサを与えて山椒魚を育成するのはやめろと。山椒魚は言葉を話して科学技術のレベルが進んでいるといっても、本質においては生存本能だけで動いている。こうしたものと人類を混交させてはいけない、そこのところは区別しなければいけないという声明です。ぜひ読んでみてください。教養とはどういうものなのか、よくわかることでしょう。

小説の中で、狂言回しの役になるポヴォンドラという金持ちの家の門番がいます。このポヴォンドラは、どういうわけか山椒魚に大変な関心を持っていて、山椒魚に関する新聞記事を切り抜いて箱に入れています。しかし、日付を入れることを忘れて、ただ切り抜いて入れている。わからない言語の新聞でも、山椒魚の写真が載っていたり、チェコ語で山椒魚をmloky《モルキ》といいますが、この言葉があると全部切り抜いていきます。何語の新聞かもわからない、不思議なものもたくさん入っているという構成になっています。

そのポヴォンドラの資料箱にある切り抜きの一部は、増えてくると奥さんが焼き棄ててしまいます。箱のなかには重要なものが残っていないとも限らないのですが……。我々も気をつけないといけないのは、新聞の切り抜きには、すぐに日付を入れておくことです。重要なのは年号まできちんと入れること。年号を入れないで月と日だけだと、数年経つといつのものかわからなくなってしまいます。探すのが大変だと、その資料は意味がなくなってしまうことが結構あります。こうしたところでも、教養小説は、役に立ちます。

自分がどのような場にいるかという知識、それが前提だ

中世の格言に「博識に対抗する総合知」というものがあります。博識とは、知識の量が非常に多いということ。それは必ずしも教養につながりません。総合知はドイツ語で言うWissenschaft（ヴィッセンシャフト）、要するに体系知、科学のことです。裏返して言うと、自分が今どのような場所にいるのかを、まず客観的かつ実証的に知ること、その知識を持っていることが教養にとって不可欠の前提になります。どのように物事を考えるか、判断するかなどの価値観を持ってくるのは、その先です。

「ハフィントン・ポスト」の編集をしている人に、どのような方法でしているのか話を聞いたことがあります。他との違いは、一つはニュースを自分たちでまとめて発信していること。外国のものも含めてです。その次はコメント。コメントに関しては編集権を働かせています。明らかに記事を読んでいないコメントや、一方的な主張を言っているようなコメント、あるいは炎上目的の煽《あお》りコメントには、編集権を発動させて排除すると。コメントを精査する、

徹底的にコメントを読む作業を編集部がするということです。その目的は、議論をしていくフォーラムをつくっていくことにあります。

一言で言うと、朝日新聞にとって都合のいいフォーラムをつくっていく、それを日本のエリート層と限りなく結びつけていくという社の戦略です。

新聞読みのうまい人から技法を盗む

読売新聞は渡邉恒雄《わたなべつねお》主筆の指導の下で電子版に力を入れていません。読売新聞の電子版だけ取りたいと言っても取らせてくれません。

読売新聞は消費税について、最初は賛成のキャンペーンをうち、その後は軽減税率ができなければ反対といい、その後また賛成になりました。税のような基本問題で、わずか三ヵ月でスタンスがグラグラと揺れる新聞は、世界でも稀《まれ》です。これは、渡邉恒雄さんが政策のプレイヤーになっているからです。彼の判断や揺れが、そのまま紙面に全面的に表れている。そういう新聞です。渡邉さんがプレイヤーである限り、この新聞を読めば、渡邉さんが何を考えているか手に取るようにわかります。その意味において、読売新聞を読むことには、大きな意義がある。しかし、何かの情報を得ようと、判断しようとしたら、それは間違えます。プレイヤーの新聞だからです。

新聞を読めるようになるために重要なのは、新聞読みのうまい人から技法を盗むことです。それは池上彰《いけがみあきら》さんです。

池上さんの新聞の読み方は面白い。家で取っている新聞は朝日新聞、毎日新聞、読売新聞、日本経済新聞、それから毎日小学生新聞、朝日小学生新聞、あと中国新聞に信濃毎日新聞、そして最後はＳＡＮＫＥＩ　ＥＸＰＲＥＳＳ（二〇一六年三月末に休刊）。ＳＡＮＫＥＩ　ＥＸＰＲＥＳＳは産経本紙と夕刊フジの中のオピニオン面プラスＳＡＮＫＥＩ　ＥＸＰＲＥＳＳ独自の記事で合わせてつくっています。産経グループが、どういう主張をしているかが手に取るようにわかります。池上さんはそれを家で購読している。街に出るときは、駅のキヨスクで東京新聞と産経新聞を買います。朝、購読している九紙に関しては見出しとリードしか読みません。どのようなニュースが載っていて、どういう論調が出ているか、二〇分くらいで済ませます。そして、夜家に帰って風呂《ふろ》から出た後、再度新聞をチェックして、重要と思う記事があれば、紙面ごとビリビリと破って袋に入れます。袋に入れたあとは、最低一週間寝かせ、その後、必要な記事だけをクリッピングするという方法です。極めて正しい。

彼は基本的には電子版の新聞は読みません。電子版には広告が出ていないからです。特に書籍広告は重要な情報源です。

教養にいたる、穴埋め作業

ここで重要なのは、池上さんの新聞の読み方のベースは、東京新聞と産経新聞で頭づくりをしているということです。産経新聞はダブルチェックをしています。SANKEI EXPRESSで論点を把握して、細かい記事のベースは産経新聞と東京新聞で見ていく。ひと昔前は、朝日新聞と産経新聞という読み方をしていたと思います。しかし、朝日新聞は経済面に関しては、日経新聞と完全に同じになってしまっています。朝日の経済部は新自由主義が大好きです。偏差値が高くて競争好きなため、新自由主義とすごく親和的。安全保障の問題では、日米同盟基調という基本的考えがあるので、この流れも読売新聞と大差ありません。

朝日がリベラルとか左というのはひと昔前の話で、要はエリート新聞で日本のエリート層の雰囲気を端的に表しているのです。ただ、知的エリートのなかには、リベラルな人がある程度います。新聞の文化欄には、明らかに文科系インテリの代表が出ています。文化面に出てくる人は、実態としては全人口の〇・二%ぐらいしかいないでしょう。しかし、文化面に出ることによって全体の一割から二割ぐらいの影響を持つことになる。文化面の論調はオピニオンと同じぐらいの影響を与えるからです。

その代表として強いのは毎日新聞。購買部数はそれほど多くありませんが、学芸面、文化面、書評面は強い。朝日は文化面でリベラルのほうに振れていますが、基本的にはそれほどリベラルではない。中道リベラル、モノによっては保守リベラル、リベラル保守のような新聞です。

それに対して東京新聞は、東日本大震災以降完全にスタンスを変えました。脱原発・反原発、脱原発からさらに原発ゼロ。そこを社論として、基点として据えていく。安全保障政策もそこから見る。となると、今の政治エリートや政権側がやっていることとすべてが逆打ちになるわけです。編集方針が逆打ちですから、拾ってくるニュースが他の新聞とは異なります。名古屋《なごや》では、元々圧倒的な影響力がありますが、名古屋だけでなく、東海地方、北陸地方もネットワーク下で発信しています。部数からすると、既に産経を上回り、毎日とほぼ同数。リベラルな日本の傾向について押えていこうとすれば、東京新聞をベースにして頭づくりをしていくのは、とても意味があるでしょう。

池上さんの情報の拾い方がうまいのは、質のいい情報を新聞の中から持ってくる技法を身に付けているからです。そういう人に乗っかるのが一番いい方法。技法を真似すればいい。ただし、真似るにしてもベースになるツールが必要です。彼は高校の教科書をよく読んでいます。とてもよいのは、世界史のAを読めと言っていること。世界史Aの教科書は実業学校で使っている教科書です。実業学校の教科書をつくっている人は、歴史の勉強はこれで終わりという認識でやっているので、社会に出ていかに役に立つかという観点から編集しています。そのため、社会につながるし、実務につながる構成になっています。

池上さんと会ったときに聞いてみましたら、定期的に新大久保《しんおおくぼ》にある第一教科書に行っているそうです。そこで新しい教科書や改訂された教科書の中身をチェックし、指導要領や学習参考書関係のものを購入する。これは教養以前の話として重要です。池上さんがしているのは教養ではなく、教養に至るところの基礎固めです。これが欠けていたら教養がつかないところの穴埋めの作業をしているのです。

数学に関する自分の欠損をしっかりと見てほしい

では、そういったことがどういうことになるのか。大きく分けると四点になります。一番目は、究極的には日本語力。日本語力とは何かというと、イコール論理力です。基礎教育によって日本語力をつけておく。基礎教育とは、高校レベルです。高等学校とは高等中学校の略、つまり中等教育ということで高等教育ではありません。その高校の教科書にある事項については理解できていないといけないという前提です。

高校の教科書の中身をどれくらい習得しているか、それをチェックするのに一番的確な手段が、大学センター試験。大学センター試験は択一式という限界はありますが、知識をチェックするという観点ではトリッキーな問題は出てきません。大学センター試験の問題集を買ってきて、八割五分以上を常時取れる程度の学力をキープしておくことが大切です。準備なくいきなりやっても取れません。特に理科系はスッテンテンになると思います。教科書を読むことで試験に対応できる科目と、できない科目があります。対応できる科目は数学と英語を除くすべてです。数学と英語を除くすべての科目は、丁寧に教科書を読んで基本事項を記憶すれば、八割五分以上取ることが可能です。

科目によって習得が早くできるものもあります。漢文は詰め込んでやれば、一五時間ぐらいでできる態勢になるでしょう。予備校の教科書はよくできています。予備校の教科書は、最低の努力で最大の結果を得られるように合理的に組み立てられていますから、利用価値が高い。古文にしても一ヵ月程度準備をすれば、八割五分くらいは十分取れるようになっています。

英語と数学はそういきません。地道に積み重ねないとダメな科目です。特に感じるのは、数学。数学に関しては、自分の欠損を把握しなければなりません。どうすればいいかといえば、一番いいのは公文式です。公文式の教室に行き、判定をしてもらえばいい。そうするとあなたの学力は小学校四年で欠けていますと、自分のレベルが出てきます。公文式のいいところは突き放すのではなく、小学校四年のところで欠けているならば、このカリキュラムを積んでいけば一年後には中学校のレベルまで到達する、二年後には高校二年生ぐらいまで終わり、三年経てば高校三年生まで行く、と提示できるところです。

しかも公文式は月謝が一定。ひと月まったくやらなくても取られますが、五〇〇〇枚ぐらいのドリルをひと月でやったとしても値段は同じです。熱中しすぎて腱鞘炎《けんしょうえん》になってしまう人もいます。ただ、月に五〇〇枚も六〇〇枚もやっても、付け焼刃的で身に付けた知識はすぐにはがれてしまいますから、三年ぐらいの計画で行わないと効果はないでしょう。

公文式は一教科でひと月に八六四〇円ですから、一年では一〇万円ぐらいのコストです。今はお金に余裕がない、払うのがもったいないというのでしたら、小学校四、五年ぐらいの算数からスタートし、数学の問題集をきちんと整理していきましょう。それは意志力との闘いになりますが。

よろしくない自己啓発本や勉強本

中学校以降に関しては、学校の教科書を使わなくとも、前講で説明した芳沢光雄《よしざわみつお》先生の『新体系・中学数学の教科書』『新体系・高校数学の教科書』という新書本があります。大人を対象にした全体像としての数学の教科書としてよくできています。標準的な読者で、この四冊の本をすべて終了するのに一年くらいかかるでしょう。まず、高校から入ります。最初の二章ぐらいに取り組んで、手に負えないようでしたら、中学に戻りましょう。高校の数学でもついていけるということなら、頑張って進めていけばいい。

少し練習問題が不足するので、弱い部分を補強するには、岩波書店から出ている『中高一貫数学コース』を使うのがいいでしょう。三角関数や微積分もこなせます。

そこまで取り組み、もう少し先の数学の知識が必要ということでしたら、少々古い本ですが、京大の数学の先生だった小堀憲《こぼりあきら》氏の『数学通論』を手に入れるといいと思います。大明堂というなくなってしまった出版社から出されたものです。

小堀氏は数学史の専門です。古代バビロニアの数学の歴史から解き明かし、最初の二章ぐらいで、どうして微分積分という新しい数学が出てこなければならなかったかを解説しています。デカルトが座標軸の考え方を持ってきて、幾何と代数をつなげていくところもわかりやすく書いています。

この教科書の後半は、消化がかなり大変になります。しかし、文科系で経済数学が必要な人はこの章まで進めばいい、理科系で数学の得意な人はここの章は飛ばして構わない、中学校や高校の数学の先生になることを考えている人は、教科教育法の観点からこの章を読むようになど、詳しいオリエンテーションが頭のところに手引きとして付いています。

私がここで紹介した本は、標準的に努力をする力があれば、消化できる本です。私が勉強本で常に注意している点は、読者が消化できる内容として書いていることです。予備校の勉強法の本は本当に役に立ちます。前回説明しましたが、予備校の勉強法の本は二通りあります。一つは実際の勉強の技法を示す本、もう一つはやる気を出させる説教本です。

自己啓発本や勉強本でよろしくないのは、絶対にできないようなことを勧めることです。時間は五分刻みで管理するといったものです。こういう絶対にできないことを奨励するのはよくありません。

プライドを一回括弧の中に入れる、秘密のノート

高校までの基礎知識をつけようと思ったときに、何が大変か。高校生ができるから大変なはずはない。問題は、我々が持っているプライドです。プライドを捨てないといけません。高校レベルのここに欠損箇所がある、中学レベルのここに欠損箇所がある。それを認めたくないというプライドが、一番の障害になります。教養をつけるためにプライドを捨てろとは申し上げません。プライドがないと教養はつきませんから。プライドを一回括弧《かっこ》の中に入れましょう。

自分だけの秘密のノートをつくっておくといいでしょう。どの勉強のどれができていない、数学のここができていないという自分の欠損。それを書いていく。欠損を提示することができれば、半ば解決しています。あとは何時間机に向かって本を読むことができるか、あるい

は喫茶店や仕事の合間に本を読む時間があるか。その時間の中でどういう順番でどの本を読んでいくかということをアレンジしていけばいい。ぜひこの作業を進めていただきたい。

最終的に皆さんの中で引っかかるのは何でしょうか。予言しておきます。数学だけになります。この講座に来ていただく方は、歴史、政治経済、倫社など、社会科系の科目に対する関心は強いでしょう。社会科がきちんとできる人は国語もできます。国語ができるのは論理能力があるということです。ただし、それを数式など、論理の約束事に即して書く訓練だけは欠損しています。

では、物理や生物、地学はどうするのか。高校生にとって、生物・地学は難しすぎます。倫社や政経の教科書と同じ構成になっていますね。力業で覚えろという構成です。理解する部分はほとんどありません。化学は少し数学に近くなって理解する部分が増えていますが、三分の二ぐらいは暗記で勝負するようになっています。

物理になるとだいぶ数学に近づきますが、物理IIになると、理屈を説明するためには、少なくとも生徒のほうが微分方程式を解けるレベルになっていないといけません。しかし、今の日本の高校の課程では、微分方程式は十分に教えていない。そうすると、そのあたりは全部直感に訴えるかたちで説明することになるわけです。つまり社会科の教科書と同じ構造になります。

実は物理Ⅰの教科書と数学の教科書だけが、処理するのに手間のかかる教科書です。それ以外の科目は、基本的に我々が日常的に使っている付け焼刃方式で対応可能です。数学対策と物理Ⅰ対策だけをしておけばいいでしょう。

もし、本格的に勉強をしようと思っているようでしたら、高専の数学と高専の物理をすればいいと思います。高専は五年間です。最初の三年間で基礎数学、残り二年間で応用数学を勉強します。その三年分の高専の数学の教科書は、厚さからするとⅠA・ⅡB・Ⅲの教科書の三分の二くらい。しかしよく精査されていますし、それに合った問題集もあります。しかも高専の先生たちは助教・准教授・教授クラスです。高専は高等教育ですから、名称も大学と同じです。その教育法に関しては、先生たちがネット空間の中でお互いに連絡を取り合っていますから、教科書や問題集にある全問題の解答は、ネットでただで閲覧できます。なおかつ、別解の仕方も丁寧に解説されているのです。

高専の数学に準拠するなら、お金をかけずに大学工学部の一年生ぐらいの数学の力を身に付けることが可能です。ただし、一日二時間、土日は四時間ぐらいその本と取り組み、二年間は費やす覚悟を持つことが必要でしょう。二年間で身に付ければ、少なくとも金融工学系のものは、数学的な表現も含めて完全に読みこなすことができるようになることでしょう。二〇代から三〇代前半の方たちは、よければぜひトライしてみてください。今後のキャリアにつながると思います。

二つ、アンカーとしての古典をつくる

二番目に必要なのは古典であります。

文学でも歴史でも哲学でも種類は何でもいい、古典がいい。古典とはどういうものかというと、読み継がれている本です。先ほどのカレル・チャペックの『山椒魚戦争』も一九三〇年代の本ですが、十分古典です。

なぜ古典が必要なのか。ギャラリーがあるからです。その古典を読んで解釈をして、論評して飯を食っている人たちがいる。主としてアカデミズムですが、そのようなギャラリーが存在するのです。そのテキストをベースとした、知的な訓練が更新して継続的に行われていることを、これが意味します。お薦めするのは、自分がこの古典の立場に立つとしたら、どのようにものが見えるか、そこからどう読み解くか、そうした錨《いかり》になれる著作を二つつくることです。

私が基本的にアンカーにしているのは、神学部で勉強しましたから聖書です。それからカール・バルトの『教会教義学』。そしてマルクスの『資本論』。日本語では『太平記』です。今挙げた書物はかなり細かく読み込んでいますので、内在する論理は自分の中でそれなりに

体得しています。つまり成り代わって、その立場から物事を言えるということです。

では、どうすればそうした古典に出会えるのでしょうか。それには、まず古典のダイジェスト版を見ましょう。敢《あ》えて読むと言わずに見ると言います。黙読でさらさらと見て、何となく自分の性に合いそうだというものを手に入れてみてください。読んでみて、行けると思ったら、それで走ることです。追加もします。私の場合には、ヘーゲルの『精神現象学』もその内の一つに入っています。

どのシリーズがいいかというと、最近出たものは要領よくまとまっているからお薦めできません。古典自体の内容に直接触れられ、翻訳がしっかりしている、なおかつ日本語として理解可能なもの。そうした基礎体力が日本で一番強かったのは一九六〇年代から七〇年代になります。一九六〇年代から七〇年代に本を書いていた人は、基本的に戦前の教養主義の下で教育を受けています。加えて戦争を体験しているので、いつ命を失うかわからないという実存的緊張の中で自分の専攻する科目を選んでいます。古典のテキストの内容が、自家薬籠《やくろう》中《ちゅう》の物になっているわけです。

日本語で大学の紀要に紹介されるのは、最新の研究成果からだいたい五年ぐらい後になります。その紀要の内容が専門書になるには、それから二、三年かかります。その専門書の内容が世の中に普及するにはさらに五年ぐらいかかるでしょう。そして、古典の全集本に収められるのは、以上に加えて五年ほどが経ってから。ざっと言って、最先端のものから二〇年遅れになるわけです。そのため、一九六〇年代から七〇年代に出たものというのは、四〇年代から五〇年代の成果が文字に結集しているということになります。

さて、日本の高等教育は、一九七〇年前後に崩壊しました。背景は大学紛争です。大学紛争のときに大学が機能不全に陥り、私の世代の一九八〇年代半ばくらいまでは、大学に出ていかないのが学生の普通のスタイルでした。成績の優秀な学生でも大学には行かず、試験だけで良い点数を取る。それがかっこいいという時代です。教師のほうも教育的な機能はほとんど放棄していました。自分の研究論文を書いている人はいましたが、教育者としての仕事はほとんどまじめにやっていない。ここで大きなブラックボックスができてしまった。

九〇年代以降は、新自由主義が蔓延していくなかで、極度な成果主義が入ってきます。古き良き時代の大学というのは、私ぐらいまでの世代でしょうか。古き良き大学を知るのに貴重な小説というと、筒井《つつい》康隆《やすたか》さんの『文学部唯野《ただの》教授』。大学の紀要の話が出てきます。あそこの大学では紀要に書く人は誰もいない、だからページにつき破格の五〇〇〇円とか六〇〇〇円の原稿料を出すけれど、それでも書き手が現れないので紀要委員が困っている。ところが唯野教授というのは変わり者なので、しょっちゅう論文を書くと。しかし、私が大学、大学院に在学したころ、それが普通の教授のあり方だったと思います。

ところが九〇年代に入ってからは、論文はレフリー付きの点数制になりました。論文をいくつ出したか、点数はいくつになったかということが大学に採用される決め手になります。ちなみにあまり論文を書きすぎても受かりません。たとえば、ぎりぎりの年齢の四〇歳でどこかの大学の准教授に応募したとします。紀要論文はレフリー制のもとで既に一五点書いています。専門書も一冊出しています。これほど業績があっても、どこにも採用されていないということは、人物に問題がある証拠だ。そうみなされて、落とされます。履歴だけ見て、これはもう絶対人間性に問題ありだと判断されるのです。

身に付けないといけないのは、歴史の知識

古典の中で相性のよさそうな作品があれば読んでみましょう。具体的には中央公論社の『世界の名著』『日本の名著』『世界の文学』『日本の文学』、河出書房新社の『世界の大思想』、このあたりの中から選ぶといいと思います。どれも一冊三〇〇円から五〇〇〇円で買えます。『世界の名著』は八一冊もあります。『日本の文学』は八〇巻です。小さいペーパーバック版ですと相当スペースも節約できます。全巻揃いで買って、二万円から八万円。恐らくどのセットも一生かかっても全巻は読み切れないでしょう。

どれか一セットを買って、半分部屋の飾りぐらいの気持ちで置いておくといい。一〇〇冊

ぐらいですと、すべてに目を通すことはできますから。そうすると、この問題ならこの本に当たればいい、と思い当たることになります。そこから相性のいい本が二、三冊出てくれば、それを自分にとってのベースの古典にすればいいのです。最初は『世界の名著』や『世界の大思想』に収録されている版で読めばいいでしょう。必要かつ十分な解説も付いているからわかりやすい。解説は、だいたい大学の教養課程を終えた人なら読めるという体裁をとっています。

文藝春秋から出ている赤い表紙の『大世界史』。これは世界史と日本史を両方融合している本ですが、こちらは中学校を卒業していれば読めるという体裁です。中央公論が当時出していた『世界の歴史』は、高校卒業者が読めるということを想定していましたから、そこで差別化をしているわけです。両方とも、この場に来ておられる方にとっては、歴史ものとしては物足りないかと思います。

そこで三番目です。古典を選んだあとに、もう一つ教養をつけるため必ず身に付けないといけないのが、歴史に関する知識です。それは歴女などのような、特定のテーマに突出するのとは違います。南北朝時代の南朝側の兜《かぶと》の形だったら任せてくれ、全部暗記しているから、という人がいます。これは博識のほうに値することで、教養をつけるには総合知につながることをやらなければいけません。

となりますと、岩波書店が優れています。岩波書店の『岩波講座日本歴史』。これは三バージョンあって、『日本通史』というのも出ています。

世界歴史のほうは、一九七〇年代の頭に完結した『岩波講座世界歴史』の第一版、それから二〇〇〇年に完結した第二版がありますが、お薦めは第一版のほうです。第二版はポストモダンの影響下でつくられていますので、通史という考え方は排除されています。通史は欧米中心主義で、力のある者たちの立場から裁断された歴史だという考えによるものです。ポストコロニアリズムやカルチュラル・スタディーズなどの影響が入ってきています。たとえば、フランス革命の巻を見ても、ジロンド党が何を主張し、ジャコバン党が何を主張し、どのようにしてナポレオンが出現したのかについてはわかりません。その代わり、フランス革命におけるジェンダーの扱いや、同時期にハイチで起きた黒人革命の話は詳しい。第二版は通史的な知識が一応あるうえで、追加的に読むシリーズといえましょう。

値段も新版のほうですと、古本屋で安くても五、六万円。旧版のほうは、普段は全二九巻三一冊で四〇〇〇円から八〇〇〇円ぐらいですから、大変にお買い得です。私が時々宣伝をするとすぐに二、三万円に上がりますが……。一部の巻を買うほうが全巻を買うより高いという不思議な全集ですが、これは通史にしなければいけないということで、当時専門家がいなかった分野でも、お互いに割り振って自分たちの責務として書きました。辞書としても活用できるものなのです。

『世界大百科事典』は日本の現在を知るベースだ

ちなみに百科事典といえば、やはり林達夫《はやしたつお》さんのつくった『平凡社世界大百科事典』でしょう。『平凡社世界大百科事典』は、いまだに紙で生きています。

人間はケチな存在ですが、教養を身に付けるためにはカネを使わないといけません。この場に来られる皆さんは大丈夫です。お金を払う用意があるというのは、この二時間の間でやったことは、絶対に自分の血となり肉となり吸収していこうという気構えがあるからです。

仮に YouTube にこの講義の全部をあげて聴いたとしても、ここに来るほど頭には入りません。それは、カネを使ったか使っていないかの違いです。そういうところにこそ、カルチャースクールの意味があるわけです。

同じように百科事典を買ったとしたら、使わないととんでもない、という気持ちになります。使い出すと使うのが面白くなり、百科事典の記事を端から読んだりするようにもなるかもしれませんよ。

日本では百科事典を読み込む行為を馬鹿にする風潮があります。百科事典的な知識だなどという。これはサルトルの『嘔吐《おうと》』がいけない。サルトルの『嘔吐』には独学者が出てきますが、サルトルは、その学者のことを徹底的に揶揄《やゆ》しています。独学者は図書館で百科事典をアルファベット順に読んでいる。そのうえで新版が出たらもう一回Aから読み始めるのだ。独学者をからかっていますが、百科事典はエンサイクロペディア、いわばサイクルを成しています。ある時代における知能到達点を切っているものです。

平凡社には『平凡社世界大百科事典』とは別に、『大百科事典』というのがあります。これは戦前に刊行された日本初の百科事典です。『世界大百科事典』はその『大百科事典』とはまったく断絶しています。戦前における日本の知の集大成として、『大百科事典』は重要な存在と言えます。箱根《はこね》の私の仕事場の中心には、『大百科事典』を置いてあります。

『世界大百科事典』は、林達夫さんという大変な教養人によって創られました。彼の編集のもと、項目もブリタニカやアメリカーナから盗んでくるのではなく、独自に集めて独自につくられた。その根っこである、一九六〇年代のベースで切っている。あとはその情報更新だけです。旧制高校、旧制大学の教養をベースにした人たちが、戦後自由になった知的雰囲気の中でありとあらゆるものを吸収して、アウトプットした。だからこそ、『世界大百科事典』は日本の現在を知るベースになっています。『世界大百科事典』に書いてないことは、知らなくても恥ずかしくありません。それから先は専門家の領域になっているからです。

ウィキペディアは百科事典の代わりにならない

これで二段階の底ができました。一番の底の底は高校教科書で押えている。次の段階の底は『平凡社世界大百科事典』のレベルです。私は『平凡社世界大百科事典』を読破したことがあります。小学校六年生のころかな。父親が酔っ払って間違えてブックローン等で買ってしまい、狭い団地の階段の下に置いてありました。そのころ、百科事典を持っている友だちはあまりいなかったため、単純に面白いなと思って読み始めたのです。その百科事典には、購入者向けに配布する『百科事典操縦法』という新書版の本が入っていました。そこに百科事典は読むものだと書いてあったので、頑張ってトライしてみようと。わかる、わからないは別として、中学一年生が終わるころには全巻通して読み終えました。これが今、ものすごく役に立っています。父親には感謝しています。

何かがあったとき、あれは『平凡社世界大百科事典』のあのあたりに出ているなという見取り図が頭の中にできました。この大百科事典は、私がよく読んでいたという記憶と、父親が買ってきたものという愛着があるのでしょう。私の妹は今ブラジルに住んでいますが、ブラジルまで持っていきました。百科事典を入れていた本棚は、いまだに私のところにあります。それぐらい愛着がある。百科事典というのはいいものですね。

ウィキペディアは百科事典の代わりになりません。というのはどんどん更新していくからです。前にも話しましたが、ウィキペディアには文化がそのまま反映します。日本でもインターネットでの公共圏が成立し、きちんとした情報が得られるものもあります。たとえば、圧力釜《がま》の使い方など。そういう実用的なことは、みながきちんとしたデータを出しあい、変な見解は排除され、いい情報が得られます。しかし、思想や歴史に関するものは本当に酷《ひど》い。そうしたところにエネルギーをかけて熱中している人たちは、時間と特殊な関心のある人たちだけです。

最低限の英単語は六〇〇〇語ほど

四番目は外国語です。これは知識を立体化させるために必要です。圧倒的多数の皆さんにお薦めするのは英語。英語はLingua franca（リンガ・フランカ）、共通語です。自分の関心のある文献について、英語で読む力をつけておくことは重要です。英語に関してはネット環境が充実したことによって、単語調べが楽になりました。

楽とはいっても、毎回単語を引いてつなぎ合わせるのは大変ですから、最低限の単語は記憶しておかなければならないでしょう。では記憶すべき最低限の単語数はどれぐらいかというと、六〇〇〇ぐらいです。これは、駿台文庫が出した『システム英単語』と『システム英単語 Basic』、さらに昔の本ですが『試験にでる英単語』で勉強をするのがいいと思います。

『試験にでる英単語』は手作り本です。日比谷高校に森一郎《もりいちろう》という変わった先生がいて、どういう単語が入試に出るか、自分でカードに落としてつくったものです。当時、東大に受かりたいなら一万語が必要とされていましたが、それは嘘である。最終的に絞り込んだこの一八〇〇語を覚えればいいという内容でした。ただ『試験にでる英単語』の一八〇〇語をマスターするとなると、その周辺の語彙《ごい》は必然的に覚えざるを得ないので、やはり六〇〇〇～七〇〇〇語になります。

ロシア語やドイツ語の場合は、白水社がよくやっています。『ロシア重要単語２２００』には例文がついていますが、その例文は、ロシア語のオリジナルから抜いてきたものです。ドイツ語もそうです。どの外国語も三〇〇〇語ぐらいの基礎単語を学んでおくと、文章の八七、八％は読むことができます。

キーワードは辞書を引けばいいのですから、力業になりますが、やはり単語の暗記はしたほうがいいのです。それも単語カードを使う、メモ用紙に何度も同じ単語を書く、そういう旧来型のやり方で覚えたほうがいい。人間は限界を知らないことに恐れを感じますから。『システム英単語 Basic』と『システム英単語』の二冊を机の前に置いておく。あるいは『試験にでる英単語』一冊でもオーケーです。勉強すれば、相当程度の力が付きます。

実用文法はオックスフォード大学出版局が買い

あともう一つは文法の知識。文法書は何でもいいですが、実用文法について考えるのなら、オックスフォード大学出版局から出ている、トムソンという人の書いた『A Practical English Grammar』という少々前の標準的な外国人用の参考書がいいでしょう。ドリル方式ではなく、日本の参考書のように参照できる旧来型の参考書ですが、非常にいい。元々は研究社から初版が出ていました。江《え》川《がわ》泰《たい》一郎《いちろう》さんが訳している『実例英文法』で薄いハードカバーのものです。その後、オックスフォード大学出版局から、かなり分厚くなった四版が出ています。

オックスフォード大学出版局のほうから出ているものは、アメリカ英語に直してあります。『実例英文法』はイギリスへの留学生向けにつくっていますから、スペルも全部イギリス綴《つづ》りです。ちなみにイギリス人は Do you have ではなく、Have you a pen? と言います。Have you という、我々が日常的に使わないような形式が若干出ています。アメリカ英語をベースに勉強したい方は、オックスフォード大学訳のほうで勉強したほうがいいでしょう。イギリス英語でいい、かちっとした古い英語も読める力をつけたいということでしたら、江川泰一郎さんの初版の訳本がいいと思います。

それから初版の訳に即しているので、超レア本になってしまいますが、『実例英文法問題集』という教科書も出ています。この教科書は残念ながら練習問題が一つもありません。ただ、それに即した四巻本の徹底したドリルがあります。イギリスでは、これを使ってオックスフォード大学・ケンブリッジ大学に入る準備をします。それを四分の一ぐらいに圧縮した問題集があるのですが、もし古本屋に出ていたら四、五万円はします。わずか二〇〇ページに満たない小さな問題集ですが、超レア本です。特に動詞や時制に関する部分、冠詞の使い方に関しては実に見事です。

予備校の英語は馬鹿にするべきではない

英文法に自信が全然ない人に一番いい本は、大学書林から出ている『英語四週間』でしょう。松本環《まつもとたまき》という明大の先生が、戦前の小学校教育しか受けていない人を対象に書いています。もう四〇〇版ぐらい重ねているのではないでしょうか。私の琉球語《りゅうきゅうご》の恩師でもあり、二十数ヵ国語を操る半田一郎《はんだいちろう》先生が改訂をしています。音声論、文法論、文章論などがバランスの取れたかたちで紹介されていて、言語学とはこのように勉強するのだと構成がよくわかります。五〇〇ぐらいの単語数で組み立てられています。

もう一ついいと思うのは、旺文社から出ている小川芳男《おがわよしお》さんと赤尾好夫《あかおよしお》さん、J・B・ハリスさんの共著『よくわかる英文法』。これも翻訳が止まっている参考書ですが、中学校・

高校の英文法全体を鳥瞰《ちょうかん》している本です。

英語を書く力を本格的につけたいのなら、修業系の本になりますが、佐々木高政《ささきたかまさ》先生の書いた『和文英訳の修業』がお薦めです。最初に暗記例文五〇〇題が出てきますが、これをまず暗記してから基礎編に入るようになっています。その暗記編だけを覚えておけば、標準的な日本の大学は大丈夫です。

英語の勉強に関しては、予備校の英語を馬鹿にするべきではないと思っています。予備校は一定レベルまで英語の力を生徒につけることに成功しているので、予備校の英語から学ぶことは非常に意味があります。駿台予備校の伝説的な先生である伊藤和夫《いとうかずお》さんの書いた『予備校の英語』。研究社から出ていますが、日本の予備校の英語はどういう系譜で構成されていて、種本となっている参考書は何なのか、こうしたことも書いてある本です。教える側から見た英語教授法がまとめられています。

英語の勉強法に関しては、どんな本でもいいと思いますが、少なくとも一つは何らかの外国語を運用できる人のものを読むことがポイントです。

結局、語学の勉強で覚えなければいけないのは、単語と文法の二つだけ。そのあたりをおもしろおかしく書いているのが千野栄一《ちのえいいち》さんです。スラブ語学者として比較言語学ができる優れた人です。この人の書いた『外国語上達法』、岩波新書の黄版一冊で基本的な勉強法のなんたるかがわかるでしょう。

ニュースになっていることがニュースな事件

勉強法との関係で、残りの時間を使ってお話ししたいのは、教養があると見えてくる問題です。事象から読み解くことは重要だと思います。今日の新聞で一番の話題になっていたのは、山本太郎《やまもとたろう》さんが園遊会で天皇に直接手紙を渡そうとしたことでした。田中正造《たなかしょうぞう》を引き合いに出す声が突然飛びだしましたが、どこまで物事を知っているのかと思いました。まず、田中正造は議員を辞めて、それから直訴しました。議員としての特権を利用した行為ではありませんでした。山本議員とは、前提が違います。政治的な意味合いとして、統治権の総攬《そうらん》者《しゃ》である天皇と、国政に対する権能を有さない天皇とでは、政治機能もまったく異なります。

私は左派リベラルが思考停止に陥っていると思いました。この問題は、ファシズムの問題です。自分たちの力によって原発の問題を解決するという道ではなく、公共圏における議論で対決するという道でもなく、国政に関する権能を有していない、戸籍も持っていない、そういう方に頼むことによって構造を変えようとした。それは、一九三六年二月二六日に青年たちが決起したときに、この決起趣意書を上奏してくれと要請したのと同じです。天皇にゆだねることによって物事が変わるという発想です。

彼が園遊会の席で天皇に手紙を渡した。天皇はそれを受け取って「あ、そう」と横の侍従の川島《かわしま》さんに渡した。それだけの話です。それ以上でもそれ以下でもない。天皇は国政に関する権能を有していないのですから、その手紙がどう扱われるかということにも関係ありません。そこに田中正造云々《うんぬん》という大きな装置を持ってくる。あるいは不敬という言葉が出てくる。問題は、こうした土壌です。

ファシズムは非国民の思想を持ってくる

それは『風立ちぬ』と関係してきます。二〇一三年八月上旬号の「キネマ旬報」で精神科医の斎藤環《さいとうたまき》さんが『風立ちぬ』を論評していますが、宮崎駿《みやざきはやお》は宮澤賢治《みやざわけんじ》とつながる生命論的ファシズムであることを指摘しています。そのとおりで、斎藤さんの指摘は非常に鋭い。『風立ちぬ』の主人公は、零戦《ゼロせん》を開発した堀越二郎《ほりこしじろう》という実在の技師ですが、実際の堀越二郎とはまったく違います。堀越二郎は戦後もいろいろなことを書き、三菱重工に再就職し、最後は防衛大学の先生を務めました。それに、彼自身は貧しい中で飛行機を造ったという認識は示していません。零戦については、あの当時は日本も国力があって非常に豊かな環境の中で研究開発をした、という回想を書いています。

あの映画の中で描かれている堀越二郎は、私たちは武器商人ではない、美しい飛行機を造ろうとしたのだと。サバの骨を見て、その曲がり方が美しいと思い、戦闘機を造ろうと思ったのであり、決して戦争協力者ではない、という具合に物語を回収しています。

映画では、飛行機の航空音は人間の声で出しています。音は機械音ではなく、全部人間の声。出てくる飛行機は、夢の中に出たイタリアの飛行機もそうですが、飛行機自体が生命体なのです。生命が宿っている。生命体として擬製されています。飛行機を造っているチームも生命体として擬製され、フィクションとなっています。

それが国家に結びついていかなければ危険なファシズムにはなりません。宮崎さんは慎重に計算しているはずですが、最後に国家と結びつくところが現れた。最後のところで、これも実在の人物ですが、堀越二郎のライバルであり同期入社の本庄《ほんじょう》が開発した九六式陸上攻撃機が出てきます。それに爆弾を装塡《そうてん》したものが、二ヵ所だけ出てくる。この九六式陸上攻撃機は、重慶《じゅうけい》の無差別爆撃をした爆撃機です。ちなみに零戦が航続距離を長くしたのは、重慶の空爆の支援をするためです。九六式陸攻では、当時中国の国民党軍がソ連から供与されたイの16という戦闘機に勝てなかった。そのイの16に対して、火力においても旋回性においても勝っていたのが零戦です。だから零戦には補助タンクを付けても、重慶まで飛ばさなければならなかった。

戦闘機は言い訳が利きます。相手の戦闘機と戦いをするから、一対一の決闘みたいなものだ。戦闘機同士での戦いであるから非戦闘員は関係ない、そういう言い訳です。しかし、爆撃機は言い訳が利きません。爆撃機は、殺すことだけを目的にしている飛行機だからです。しかも九六式陸上攻撃機は重慶の無差別爆撃をした飛行機です。これは、飛行機について知識のある人なら知っていることでしょう。

この重慶の無差別爆撃があったから、広島・長崎の原爆投下も、沖縄の一九四四年一〇月一〇日の那覇《なは》市の大空襲も、そしてこの東京では一九四五年三月一〇日の大空襲も行われました。三月一〇日は陸軍記念日です。奉天《ほうてん》大会戦で日本軍がロシア軍を破った日です。そのシンボリックな日に、国際法違反の無差別爆撃が行われ、一〇万人以上の我々の父母・祖父母の世代が殺されました。それを正当化する口実として、重慶の無差別爆撃が連合軍に利用されました。宮崎駿さんはそのことをわかっているでしょう。しかし、どうしても物語の中に入れたくなったのでしょう。この九六式陸攻が出てくるシーンと合わせ、ヒロインである菜穂子が富士山《ふじさん》の麓《ふもと》の療養所に帰っていきます。もう二郎さんの邪魔はしたくないからと。

ここで何が問題かというと、結核のために死にゆく菜穂子の命に対しては、みな感情移入するのですが、同じときに飛び立っている九六式陸攻によってこれから殺害される、まったく戦争に責任のない重慶に住んでいる中国人たちや子どもたちのことは、視界の外なのです。ファシズムは束ねた内側に関しては優しい。しかし外側に対しては無関心です。これが、端的に表れているシーンです。

一見リベラル派に見える宮崎駿さんにも山本太郎さんにも、ファシズムの根っこが潜んでいる。ファシズムはいろいろなかたちで現れます。ファシズムは結論からすると良くありません。どうしてか。ファシズムは非国民の思想を持ってくるからです。束ねた内側にいる人にとっては温かいけれど、束ねられない人にとってはファシズムほど冷たい冷酷な体制はありません。この先は人間的な価値観になりますが、人間は、人間としてそれ自体で価値があると見るのならば、ファシズムやスターリニズムという手法は取れないはずです。

もっとも、ヒューマニズムが人間を本当に保障できるかどうか、それは担保の限りではありません。アンチ・ヒューマニズムでも、どういうアンチ・ヒューマニズムであるかが問題です。キリスト教は基本的にアンチ・ヒューマニズムですから。

山本七平に見る独学の危険性

もう一つ取り上げておきたいのは、独学の問題です。独学には時にゆがみが生じます。頭がいい人でも独学であれば、基礎学力のいくつかのところに欠陥が生じます。しかし、レトリックが巧みであったり、ある程度の専門書を我流で読みこなす力があったりすると、ものすごくグロテスクなものをつくり出す危険性が出てきます。その典型が山本七平《やまもとしちへい》です。山本七平は山本学として評価されています。山本七平という人はものすごく優れた編集者で、かつ傑出した思想家であることは間違いありません。彼の思想はキリスト教のプロテスタンティズムを基盤にしています。『人生について』という本では、両親が内村鑑三《うちむらかんぞう》の弟子で無教会派の影響下にあったということを述べています。

あの人は青山学院の専門部の商科を卒業しています。現在の青山学院大学経営学部です。戦前戦中は青山学院大学の付属教会に通い、そこで洗礼も受けています。青山学院大学の教会はメソジスト派に属しますが、このメソジスト派は、プロテスタントの中では個人の回心を重視しています。個人の努力、人生経験を重視するのが特徴です。

これに対し、プロテスタンティズムの中でも明治学院大学などにつながるカルバン派（長老派）は、個人の回心の意味をまったく認めません。神様によって選ばれる人というのは、生まれる前から決まっている、こういう考え方です。選ばれた人は、自分の能力を世の中と人々のために使わなければならない、ということになります。神様の栄光のために生きていく、という考え方です。世俗内的禁欲を説いていまして、イスラム原理主義に近いといえる。

メソジスト派をつくったジョン・ウェスレーという人は、最初は国教会の司祭でした。ところが自分が選ばれた人間だということをどうしても信じることができなくなり、救いへの確信を持てないと、メソジスト派という新しい教派をつくります。

日本でカルバン派の影響が強いのは、東京神学大学です。これは、関東地方の神学部を全部合同してつくった学校で、国際基督教大学の横にあります。実は国際基督教大学が東京神学大学の付属大学と見てもいいでしょう。東京神学大学は戦前から日本基督教神学専門学校としてあり、その横にアメリカが占領政策として国際基督教大学をくっ付けたと見たほうが正しいと思います。メソジスト派の神学校は関西学院大神学部。それに対して同志社大学は会衆派といい、神学的な思想は個別の教会が勝手に選んでいいという立場を取っています。このため、同志社大学にはカルバン派とメソジスト派両方の流れの人がいるわけです。

さて、山本七平は聖書をよく読んでいます。聖書研究を非常に重視し、聖書と対話しながら悔い改めるということを促しています。そのうえで社会に対する働きかけを重視する。メソジスト派の人たちは社会福祉に熱心です。『「空気」の研究』や『日本教について』のなかで、山本七平が展開したユニークな言説の根底には、青年期に刷り込まれた、悔い改めるという教えが世界観を形成しています。その悔い改めの思想が、戦後平和主義からの悔い改めとなっていった。だから改憲。そうした方向で社会に働きかけようと、彼の場合は動いた。

神学とあまり関係のないキリスト教論

山本さんは、常に山本書店店主を自分の肩書にしていました。山本書店は山本さんが亡くなった後、しばらく奥さんが引き継いでいましたが、二〇〇七年に解散しています。私はじめ、同志社の神学生も山本書店から出た『新約ギリシャ語辞典』や『希和対訳脚註《きやくちゆう》つき新約聖書』などを使いました。それは無教会派の教会の集会に参加している岩隈直《いわくまなおし》さんという独学者のつくった辞書です。東京大学の西洋古典学をやっている人などは、このような素人辞書を使えるかと使いませんでした。私たちの神学部で使うときは、本当はリデル・アンド・スコットのオックスフォード『ギリシャ語・英語辞典』、イギリスで出ている『新約聖書ギリシャ語辞典』などを使わないといけないのですが、ものすごく大きい。それから日本語のほうがやはり楽ですから、隠れて使っていた辞書です。

私たち神学部の学生は、山本七平さんの書いたキリスト教関係の本は文字通り一冊も読みませんでした。曽野綾子《そのあやこ》さんの書いたキリスト教の本を一冊も読まないのと同じです。入口を見るだけで、専門的な神学とまったく関係のない本であることがわかるからです。山本さんは神学的な基礎訓練を受けていない独学者です。また、山本さんの英語、ドイツ語のレベルは申し訳ないけれど低く、英語だったら中学三年生ぐらいです。辞書を無理やり引いて、単語と単語をつなげることで強引な翻訳をつくっていくという手法を用いていました。

東北学院大学に浅見定雄《あさみさだお》さんという、共産党系の先生がいます。この方は東京神学大学に行った後に、アメリカのハーバード大神学部で神学博士号を取ってきた先生です。この先生が朝日文庫の『にせユダヤ人と日本人』で、山本さんの翻訳の文章をケチョンケチョンにやっつけています。かわいそうに感じるぐらいのいじめ方ですが、翻訳論に関しては完全に浅見さんに軍配が上がっています。浅見さんだけでなく、多くの職業神学者は、独学者の山本さんに対して上から目線で叩《たた》きました。そこには、独学者でありながら論壇で影響力を持ったことに対する嫉妬心《しっとしん》もあったと思います。

山本さんは『聖書の常識』という本を講談社から出しています。論壇に出て一〇年以上キリスト教の話をしたけれども、キリスト教に関して正面から書いた本はなかったため、講談社に頼まれてにっちもさっちも行かなくなって書いたのではないでしょうか。その本の「誤解されている聖書」という第一章について浅見さんが細かく検討していて、こう書いています。「以上、山本七平氏は初めから終りまで、常識さえあればそもそも生じるはずのない『問題』を創作しては、それに非常識きわまる『解答』を与えるという一人相撲を取っているのである」と。神学者から見た標準的な見解はそうでしょう。この第一章は確かにそうですが、浅見さんもずるい。彼は新約聖書学者ではなく旧約聖書学者ですから、第一章の創世記の部分は彼のお家芸です。

私は先般、初めて『聖書の常識』を読みました。率直に言うと、かわいそうな感じがしました。要するに、問題意識は非常にあって文章もうまい。それからまじめ。ではあるけれど、神学的なところで基礎知識が欠けていて、自分の想像や無理な解釈によって埋めている。

山本七平さんは、優れた編集者の目から、キリスト教に対する誤解を聖書に基づいて解こうとしました。その意味において、著者の誠実性に問題はないと思います。浅見さんはその誠実性を措《お》き、政治的な敵と規定したのでしょう。カール・シュミット流の友敵理論に基づいて叩き潰《つぶ》そうとしてしまったわけです。日本キリスト教界の一部にある、こうした偏狭な精神が、神学を閉塞《へいそく》状況に持っていくと同時に、神学とあまり関係のない、ドクトリンの観点からもあまり関係のないお方が闊歩《かっぽ》するような状況をつくってしまっているのだと思います。

山本七平は優れた編集者だった

さて、『聖書の常識』は聖書神学の入門書としては適切ではありません。入門書を望む人は、日本基督教団出版局から出ている『新版総説旧約聖書』がいいでしょう。旧約は二〇〇七年に新約は二〇〇三年に出版されました。

ただし、確かに山本さんはうまく書いています。

〈イエス・キリストという言葉は誤解されるらしく、「姓はキリスト、名はイエス」と誤解しているらしい記述もある。昔の多くの日本人には「姓」がなかったように、イエス時代のユダヤ人にも「姓」はなく、多くの人は、「だれだれの子」「どこどこの出身の」といういい方をした。（中略）
「ギスカラのヨハネ」の場合の「ギスカラ」は出身地である。同じようにイエスは、「ナザレのイエス」と呼ばれており、これは当時のごく普通の呼び方である。イエスは決して珍しい名でなく、ごく普通の名であり、同名の大祭司もいた。〉（山本七平『聖書の常識』文春学藝ライブラリー、二〇一三年、二六七〜二六八頁）

神学を学んだ人間からすれば、イエスが名でキリストが姓などという話を聞くと、そのようなことを思っている人は世の中に一人もいないのではないか、と腰を抜かしてしまうのですが、世の中に出てみればそのようなものでした。彼は優れた編集者でしたから、みなが知りたいことは何なのかをよくわかっていたということです。

たとえばエホバについてですが、なぜ最近は誰もエホバと言わないのでしょうか。エホバと言えば、エホバの証人の人たちだけではないか。なぜエホバと言わないのか。それも我々からすると、あまりに当たり前の話なので、誰も議論はしません。ところが山本さんはこう説明してくる。

〈ヘブライ語には、母音表記がない。だから、神の名を欧文表記に直すとＹＨＷＨとなるだけで、本当のところは、どう発音していいかわからない。これを「神聖四文字」といい、学者によっては「ＹＨＷＨ」としか書かない人もいる。というのは言語学者たちが推理した「ヤハウェ」にしても、はたして正しい発音かどうか不明だからである。

子音だけでその文字をどう発音したのか。これが不明にならないように、後に普通の単語には母音符号をつけるようになった。これを字外母音符号という。

ところが、ＹＨＷＨは「神の名をみだりに口にするなかれ」ということから、母音符号をつけず、その代り「アドナイ」つまり「主」という意味の言葉の母音符号をつけ「主なるＹＨＷＨ」と読んでいた。

ところが、それをそのままに発音すると「エホバ」になってしまう。「エホバ」という読み方は十六世紀になって、キリスト教の神学者によってはじめられたにすぎない。〉（前掲書、四〇～四一頁）

こうした知識は、キリスト教を知らない人にとっては必要なのでしょう。彼はそこでヘブライ語の転写をするのですが、ヘブライ語の長母音の転写は、通常は普通の横書きのダッシュです。ところが何の本を参照したかわかりませんが、ヤマダッシュにしています。それを付けるだけで、この人はヘブライ語の教科書の最初の五ページも読んでいないということがわかってしまう。だから神学を専門にしている人は山本七平さんのものは読みませんし、引用文献にも使いません。ただ、今回読んでみて、それはよくないということを痛感しました。

教養に欠けた議論は一代限りにしかならない

山本さんは山本書店店主をしながら、遊び半分で『日本人とユダヤ人』を書きました。イザヤ・ベンダサンというのは、いざや便出さん、でしょう。そのような名前のユダヤ人はいませんから、架空のユダヤ人をでっち上げて書いた。大宅壮一《おおやそういち》ノンフィクション賞の第二回授賞式には、ベンダサンの代理人として、友だちのユダヤ人に出てもらいました。完全に冗談半分遊び半分でやったことが、本気になってベンダサンという人間を動かさないといけなくなってきました。徐々に肥大化して、自分が扱えない問題まで扱うようになっていってしまったのです。一方では、山本七平賞ができたり、山本学による『「空気」の研究』が出てきたりしていました。

彼がしてきたのは、物語としてよくあるエピソード主義です。日本人論云々といっても、どの日本人なのだという定量的な根拠はありません。俺はそう思うという神々の戦いの話になる。しかし、それを言うのであれば、九鬼周造《くきしゅうぞう》の『「いき」の構造』もそうですし、西田《にしだ》幾多郎《きたろう》の『善の研究』も同様です。こうしたエピソード主義による日本人論は、定石なのです。山本さんはそれを非常にうまくやり、一つの体系をつくりあげました。が、その体系には総合知による裏付けはありませんでした。着想は面白い。『「空気」の研究』にしても、戦艦大和がどうして戦闘に出ていったかというと、それは空気で決定されたのだという。これをもう少し別の形、間主観性なり共同主観性なりの議論に組み立てれば、アカデミズムにも残ったのではないでしょうか。

優れた独創性に基づいてはいるけれど、総合知を無視する。そうした教養に欠ける議論をやるとどうなるでしょうか。後に続きません。一代限りになってしまいます。だから、山本七平賞や山本学には継承者がいません。体系知としての手続きを踏まえていないため、継承できないのです。彼の心の中にある御筆書きの話になってしまいます。宗教は御筆書きを反復していくという形でつくられます。しかし体系知にはなりません。日本の神学界がもう少しきちんと山本さんと付き合えば、あの優れた着想を生かして新しい神学、面白い神学ができる可能性がある、と私は思います。

（二〇一三年一一月二日）

あとがき

本書では、生き残るために必要な知性が何であるか、そして、それをどのようにして身に付けるかについて、具体的に論じてきた。残念ながら、このような知性は、現下日本の政治エリートの中では根付いていない。真理は具体的であるので、実例に即して説明したい。

二〇一五年七月二六日、大分市で行われた講演で礒崎陽輔《いそざきようすけ》首相補佐官が、憲法解釈を変更して集団的自衛権行使を可能にする安全保障関連法案について、法的安定性を損なうとの批判があることに反論してこう述べた。

「考えないといけないのは、我が国を守るために必要な措置かどうかで、法的安定性は関係ない」

法的安定性とは、憲法や法律の解釈が権力者によって恣意《しい》的に変更されないことによって社会と国家の安定が保障されるという、民主主義の基本中の基本の考え方だ。戦後七〇年という節目の年に、国家権力の中枢から法的安定性を否定する発言がでてくることは驚きだ。

七月二九日付「朝日新聞」朝刊は、社説で礒崎発言を厳しく批判し、こう記した。事柄の本質をよく突いた社説なので、全文を引用しておく。

〈「違憲」法案―軽視された法的安定性

安全保障関連法案をめぐり、安倍首相の側近で法案作成にあたった礒崎陽輔首相補佐官の発言が、波紋を広げている。

「考えないといけないのは、我が国を守るために必要な措置かどうかで、法的安定性は関係ない」と講演で語ったのだ。

法的安定性とは何だろう。

憲法や法律、その解釈はみだりに変更されないことで社会が安定する。国家権力はその範囲内で行動しなければならない。民主国家として、法治国家として当たり前のことだ。

この法的安定性が改めて注目される背景には、安倍政権が踏み込んだ、集団的自衛権をめぐる憲法解釈の変更がある。

政権は「憲法解釈上、行使できない」としてきた歴代内閣の見解を「行使できる」と百八十度転換。「それでも法的安定性は保たれる」としてきた。

これに対し、多くの憲法学者や内閣法制局長官ＯＢらは「それでは法的安定性は失われる」と指摘してきた。

　つまり、法案が「合憲か、違憲か」を左右するキーワードである法的安定性について、解釈変更を引っ張ってきた礒崎氏が「関係ない」と切り捨てたことになる。礒崎氏はきのう「おわび」をし、首相も「誤解を与えるような発言は慎むべきだ」と語ったが、法案が違憲であるとの疑いがますます濃くなったと言わざるを得ない。

　法的安定性を重んじる社会であればこそ、国民は、権力は憲法の下で動くという安心感、信頼感のなかで生活できる。権力が法的安定性を軽視することは法の支配に反し、憲法が権力を縛る立憲主義に反する。

　仮に法的安定性のない法案が成立したら、どうなるか。

　想定されるのは、自衛隊の海外派遣中に憲法の番人である最高裁が違憲判決を出したり、政権交代によって再び憲法解釈が変更されたりする可能性だ。

　不安定な立場のまま自衛隊員が海外で生命の危険にさらされていいはずがない。自衛隊がともに活動する相手国に対しても無責任ではないか。

　代表質問で民主党の北沢俊美元防衛相はこう訴えた。

「日本の強さは、精強な自衛隊員の努力やたゆまぬ外交によってのみ、実現するのではありません。国家統治の柱である憲法の下、立憲主義と平和主義がしっかり機能してこそ、国民は団結し、諸外国も日本に信頼を寄せるのです」
傾聴すべき意見である。
権力が恣意的に憲法を操ることは許されない。政権は根本から考えを改めねばならない。〉（二〇一五年七月二九日「朝日新聞デジタル」）

しかし、この朝日新聞の批判は、礒崎氏の琴線にまったく触れない。それは礒崎氏が典型的な反知性主義者だからだ。

礒崎氏は、東大法学部を卒業し、旧自治省に入省したエリートだ。礒崎氏は、官僚時代に『分かりやすい公用文の書き方』『分かりやすい法律・条例の書き方』（いずれも、ぎょうせい）という本を書いている。両書を読むと、礒崎氏が戦後民主主義的な、まさに日本国憲法の価値観を持つ人であるという印象を受ける。たとえば、差別語、不快語について、礒崎氏はこう記している。

〈「黒人兵」という表現そのものは差別ではないが、単に「米兵」と言えば足る場合など「黒人」を特に明らかにする必要のない文脈で用いれば、差別になり得る。（中略）「帰化」というのは法律用語であるが、朝廷への帰属を意味する言葉であることから、できるだけ用いずに「国籍取得」と言うのが良い。古代の「帰化人」は、「渡来人」とする。
（中略）「支那」という言葉も、公用文で用いてはならない。「支那」は、古代の「秦」の変化であり、英語の〝China〟と語源を同じくしている。したがって、言葉そのものが不快用語ではないが、中国の人たちに日本の侵略を思い出させるという配慮から、使わないこととされている。実際、中華人民共和国という正式国名があり、一般に「中国」という略称が使われている中で、あえて「支那」を使う必要はないであろう。なお、片仮名書きで「東シナ海」などと用いるのは、構わない。ちなみに、「満州」という言葉も用いず、「中国東北部」と呼ぶ。〉（礒崎陽輔『分かりやすい公用文の書き方［増補］』ぎょうせい、二〇〇五年、一一八〜一一九頁）

官僚時代にこういうことを書いた人が、どうして「法的安定性は関係ない」というような乱暴な発言をするのだろうか。法的安定性が必要ないならば、政治は権力者の恣意的判断によって決まることになる。これは法治主義ではなく専政政治だ。礒崎氏の内心で、安倍政権を守ることと日本の国益が一体化している。そのため、客観性や実証性を軽視もしくは無視し、自分が欲するように世界を理解するという反知性主義に、礒崎氏は足をすくわれてしまったのだ。

法的安定性を軽視する国家は、国際社会から信用されず国内的基盤も強化されない。こんな基本的な事柄ですら、礒崎氏にはわからなくなってしまっている。

八月三日、安保関連法案を審議する参議院特別委員会に礒崎氏は参考人として招致された。首相補佐官が参考人招致されるのは異例の事態だ。


〈(礒崎氏は)「法的安定性は関係ないという表現を使ったことにより、大きな誤解を与えた。発言を取り消し、深くおわび申し上げます」などと述べ、何度も陳謝した。自らの進退については「総理補佐官の職務に専念することで責任を果たしていきたい」と辞任を否定した。〉(八月四日「朝日新聞デジタル」)


翌四日、同特別委員会で、安倍晋三《あべしんぞう》首相は礒崎氏を首相補佐官として続投させる意向を表明した。そして、礒崎氏が重要な役割を果たした安全保障関連法案が国会で成立した。

この過程で明らかになったのは、礒崎氏には確固たる思想や信念がないことだ。自治官僚としては戦後民主主義的論理で、安倍首相の下では歴史修正主義に基づいて、時の権力を支えるテクノクラートの機能をこの人は果たしている。

もっとも、ソ連共産党中央委員会のテクノクラートで、反共政策を進めたエリツィン政権の大統領府高官に転身した人も少なからずいたので、知性を出世の道具と見なしている人はどの国にもいるのだろう。

いずれにせよ、第一義的に責任を負うべきなのは、無思想なテクノクラートではなく、礒崎氏のような人物を首相補佐官に任命した政治家だ。

危機を克服する知性を是非とも政治家に身に付けて欲しい。

二〇一五年一二月二二日　曙橋（東京都新宿区）の自宅にて

佐藤　優

主要参考文献一覧

※講義の内容を深く理解するために有益な文献も含む。

【第一講】

アメリカ海軍協会『リーダーシップ 新装版―アメリカ海軍士官候補生読本』生産性出版、二〇〇九年
大塚和夫、小杉泰、小松久男、東長靖、羽田正、山内昌之編集『岩波 イスラーム辞典』岩波書店、二〇〇二年
畠山清行著、保阪正康編『秘録 陸軍中野学校』新潮文庫、二〇〇三年
畠山清行著、保阪正康編『陸軍中野学校 終戦秘史』新潮文庫、二〇〇四年
フランシス・ヘッセルバイン、リチャード・キャバナー、エリック・シンセキ、リーダー・トゥー・リーダー研究所『アメリカ陸軍リーダーシップ』生産性出版、二〇一〇年
マーク・M・ローエンタール『インテリジェンス』慶應義塾大学出版会、二〇一一年

【第二講】

池田徳眞『プロパガンダ戦史』中公文庫、二〇一五年【原著一九八一年、中公新書】
伊東寛『「第5の戦場」 サイバー戦の脅威』祥伝社新書、二〇一二年
鎌倉孝夫『国家論のプロブレマティク』社会評論社、一九九一年
柄谷行人『トランスクリティーク』岩波現代文庫、二〇一〇年
キース・ジェフリー『MI6秘録：イギリス秘密情報部1909―1949（上・下）』筑摩書房、二〇一三年
佐藤優『帝国の時代をどう生きるか――知識を教養へ、教養を叡智へ』角川新書、二〇一二年
佐藤優『超訳 小説日米戦争』K&Kプレス、二〇一三年
平井正『ゲッベルス』中公新書、一九九一年
L・W・ドーブ『宣伝心理学』育生社弘道閣、一九四四年

【第三講】

アレクサンドル・ダニロフ、リュドミラ・コスリナ、ミハイル・ブラント著 吉田衆一、アンドレイ・クラフツェヴィチ監修『世界の教科書シリーズ32 ロシアの歴史【下】19世紀後半から現代まで ロシア中学・高校歴史教科書』明石書店、二〇一一年
池谷裕二『最新脳科学が教える 高校生の勉強法』ナガセ、二〇〇二年

加藤周一『読書術』岩波現代文庫、二〇〇〇年
佐藤優『紳士協定　私のイギリス物語』新潮文庫、二〇一四年
ジェイミー・バイロン、マイケル・ライリー、クリストファー・カルピン著　前川一郎訳『世界の教科書シリーズ34　イギリスの歴史【帝国の衝撃】　イギリス中学校歴史教科書』明石書店、二〇一二年
林修『いつやるか？　今でしょ！』宝島SUGOI文庫、二〇一四年
ポール・ジョンソン『インテレクチュアルズ』講談社学術文庫、二〇〇三年

【第四講】

柄谷行人『哲学の起源』岩波書店、二〇一二年
カレル・チャペック『山椒魚戦争』岩波文庫、二〇〇三年
竹田青嗣、西研『完全解読 ヘーゲル『精神現象学』』講談社選書メチエ、二〇〇七年
竹田青嗣『現象学入門』NHKブックス、一九八九年
ヘーゲル『精神現象学（上・下）』平凡社ライブラリー、一九九七年
山本七平『聖書の常識』文春学藝ライブラリー、二〇一三年

本書は二〇一六年に刊行した『危機を覆す情報分析』を改題し、加筆修正したものです。

佐藤　優（さとう・まさる）
作家・元外務省主任分析官。1960年、東京都生まれ。85年同志社大学大学院神学研究科修了後、外務省入省。在ロシア連邦日本国大使館勤務等を経て、本省国際情報局分析第一課主任分析官として、対ロシア外交の最前線で活躍。2002年、背任と偽計業務妨害罪容疑で東京地検特捜部に逮捕され、以後東京拘置所に512日間勾留される。09年、最高裁で上告棄却、有罪が確定し、外務省を失職。05年に発表した『国家の罠』（新潮文庫）で第59回毎日出版文化賞特別賞を受賞。翌06年には『自壊する帝国』（新潮文庫）で第5回新潮ドキュメント賞、07年第38回大宅壮一ノンフィクション賞を受賞。『獄中記』（岩波現代文庫）、『宗教改革の物語』（角川書店）、『帝国の時代をどう生きるか』『国家の攻防／興亡』『『資本論』の核心』『日露外交』（角川新書）、『復権するマルクス』（的場昭弘氏との共著、角川新書）など著書多数。

勉強法《べんきょうほう》
教養講座《きょうようこうざ》「情報分析《じょうほうぶんせき》とは何《なに》か」
佐藤《さとう》　優《まさる》

2018年 4月10日　初版発行
2018年 5月20日　3版発行

発行者　郡司 聡
発　行　株式会社KADOKAWA
〒102-8177　東京都千代田区富士見 2-13-3
電話　0570-002-301（ナビダイヤル）
装 丁 者　緒方修一（ラーフイン・ワークショップ）
ロゴデザイン　good design company
オビデザイン　Zapp!　白金正之
印 刷 所　暁印刷
製 本 所　BBC

角川新書
 ISBN978-4-04-082214-3 C0236

KADOKAWAの新書 好評既刊

私物化される国家
支配と服従の日本政治
中野晃一

主権者である国民を服従させることをもって政治と考える権力者が、グローバル社会の中で主導権を持つようになっている。どのようにして「国家の私物化」が横行するようになったのか。現代日本政治、安倍政権に焦点を置いて論考していく。

世界一孤独な日本のオジサン
岡本純子

日本のオジサンは世界で一番孤独——。人々の精神や肉体を蝕む「孤独」はこの国の最も深刻な病の一つとなった。現状やその背景を探りつつ、大きな原因である「コミュ力の〝貧困〟」への対策を紹介する。

目的なき人生を生きる
山内志朗

社会に煽られ、急かされ続ける人生を、一体いつまで過ごせばいいのか。「それは何のためだ、何の役に立つ？」世間は「目的を持て！」とうるさい。それに対し、「人生に目的はない」と『小さな倫理学』を唱える倫理学者が贈る、解放の哲学。

平成トレンド史
これから日本人は何を買うのか？
原田曜平

平成時代を「消費」の変化という視点から総括する。バブルの絶頂期で幕を開けた平成は、デフレやリーマンショック、東日本大震災などで苦しい時代になっていく。次の時代の消費はどうなるのか？　若者研究の第一人者が分析する。

クリムト
官能の世界へ
平松　洋

クリムト没後100年を迎える2018年を記念して、主要作品のすべてをオールカラーで1冊にまとめました。美しい絵画を楽しみながら、先行研究を踏まえた最新のクリムト論を知ることができる決定版の1冊です！